底層邏輯2

帶你升級思考，挖掘數字裡蘊含的商業寶藏

The Underlying Logic II

Understanding the Essence of Business

劉潤　著

用數字解釋現象，用數字找出活路

謝文憲　資深企業講師、職場作家、廣播主持人

　　「別用現象解釋現象，要用理論解釋現象。」這是我在企業
內訓「激發員工正向力」課程中，最常跟中高階主管說的話。

　　商業環境千變萬化，若不能找出其底層邏輯（脈絡與理
論），永遠都只能瞎子摸象、緣木求魚，而劉潤的底層邏輯、商
業簡史系列，正是其中的代表作。

　　我在國中小、高中、大學的數學能力都很好，其他科目都不
怎麼會，只有數學很會，家中也有兩位數學高材生的兒子，弟弟
目前還是升大學補習班數學科的名師。

　　我想邀請大家來看看這本好書。

數學應用在職棒賽場的底層邏輯

　　棒球，是台灣人最喜好的職業運動，其背後運作的商業思
維，全都是數學的機率與期望值。

　　就像上壘率、打擊率、面對右投與左投時不同的盜壘率、哪

位捕手的阻殺率高？全壘打都打向哪個方向？哪位左投可以剋左打？統一7-11獅面對哪支球隊、哪個球場、哪位投手的勝率較高？

太多了啦，棒球一言以蔽之，就是一場數學與機率的眾人遊戲。

我在寫本篇推薦文時，正值樂天與台鋼球團進行球員交易，台鋼將2023年選秀第一指名得到的明星球員林子偉，與樂天三名選手：王溢正、藍寅倫、翁瑋均進行交易，外帶旅日選手王柏融的合約交易權。

暫且不論球迷的情感牽絆，商業交易本身就是一場數學攻略，裡頭盤算的都是交易的期望值，以及被交易選手在樂天，繼續站穩一軍高貢獻的機率，與交易過來球員的即戰力，能為樂天注入打進季後賽的所有盤算。

而台鋼，目前正缺的經驗值，為明年一軍賽事所盤算，交易過來的三位球員分別可以在左投、右投、防守與打擊，老幹與新枝可以給台鋼新血們，所帶來的衝擊與經驗傳承，我若是洪一中，我也會做類似的盤算。

畢竟，一支全新球隊，明年僅靠一個明星林子偉，可能獨木難撐大局，若能得到樂天四名選手，那個想像空間與商業利益，更別提看板價值，都是台鋼所盤算的。

說到這裡，您一定以為我就是只會用棒球盤算商業利益與選擇價值，談談我自己。

數學應用在憲哥經營個人品牌的底層邏輯

我2006年企業講師出道，早在2004年我就有少許的課程邀約，當時為了要做講師費的私房錢記錄，因為不想讓我老婆知道，造就了我用數學管理事業的起點。

20年來，歷經2,400場的演講與課程，我每一場都記錄：場次、管顧、客戶、講題、日期、地點、時數、學生人數、講師費報價、重要內容、一句話的教室日誌與心情等。

當我要分析時場比（時數與場次的比值）、人場比（每場的學員人數變化）、授課地點分析、管顧時數累積、關鍵顧客的時數貢獻……等等，都只是Excel公式的設定而已，這套邏輯，為我長達20年的講師生涯，奠定了最好的軸轉與第二曲線的依據，也讓我在商業選擇與取捨上，做出比較正確的判斷。

2013年開始撰寫商業周刊「職場憲上學」專欄、2015年開展蘋果日報「職場蘋形憲」專欄、隨後的「遠見華人精英論壇」專欄，三個專欄在十年間，我一共寫過302篇，我想知道：本篇中，為什麼中？沒中，為什麼沒中？

尤其在2013~2017這五年，我嚴守「用數字解釋現象」的思

維，每一篇專欄我分析按讚數、瀏覽量，並與標題、故事方向間的關聯性，找出字數長短與破題、結尾間的關聯，這套數字思維，也為憲福育創在2016年開設「寫出影響力」課程，奠定專欄寫作與數學思維間，看似理性與感性、似冰似火的巧妙融合。

這本書怎麼看的五個建議

誰說理性的數字思維，不能與感性的文字寫作巧妙結合？

誰說理性論述的講師事業，背後不能有一套巧妙的商業與取捨決策？

誰說職棒經營，只能有職棒明星與啦啦隊的情感牽絆，卻能缺少商業與數學的細部盤算？

請先相信我這五個建議，或許，你會開啟另一個商業思維的世界。

1. 數學好不好，跟看不看得懂這本書，並沒有相關性，若出現複雜數學公式，可以先跳過，先看例子。

2. 熟讀第一章，再看第六章，隨後在第二與第七章中，選有興趣的先看，第三、四、五章，可以放在後面一點閱讀。

3. 帶著你的商業、創業、管理與經營問題，去書中找答案，若頭腦開始迷糊，馬上回到這一句「試著用數字解釋現象，不要落入用現象解釋現象的泥淖。」

4.「管理，就是決定不做什麼」，想要破除感性、衝動、非理性決策的大腦運作模式，建立一套屬於自己的數學邏輯，非常重要。書中內容要全懂，可能有些難，我會建議試著選一個書中所舉的例子，到實際賽道試用，我建議「不要排斥數學，才能讓數學拉你一把，甚至救你一命」。

5. 遇到商業問題，不要去找算命師，數學，就是你最好的算命師，這是我看完本書後的感想。

期待大家都能在被妖魔化的數學裡，找到數學可愛的一面，它會讓你賺大錢，並且實現商業的最高價值：服務人群。

前言

很多人對數學有一種恐懼感，一談到數學就會臉色驟變，因為他們曾經被數學傷害過，留下了心理陰影。作為一名畢業於數學系的商業顧問，我為他們感到深深的遺憾。

其實，數學是用來描述萬物本質的語言，是理解這個世界的底層邏輯。只有從數學上理解了一件事情，你才真正從本質上理解了這件事情。

數學，是一門不能被證偽的學科，是所有自然學科的終點。經濟學的盡頭，是數學；物理學的盡頭，是數學；所有自然學科的盡頭，都是數學。

而商業與數學，也有著令人驚歎的緊密聯繫。在職場上，在創業路上，在經營企業的過程中，你一定會有很多困惑，比如：

◇ 一個人要創業多少次，才能獲得成功？

◇ 創業時應該選「鐘形」行業，還是「尖刀形」行業？

◇ 為什麼要堅持長期主義？

◇ 在招聘員工的時候，應該招聘能力強的還是態度好的？

◇ 為什麼無論付出多大的努力，財富機會都是不均等的？

　　…………

誰能告訴你答案？數學。

看似複雜的商業模式，用一個簡潔的數學公式便可揭示其奧妙。很多棘手的商業問題，利用一些簡單又常見的數學知識就能找到解法。瞬息萬變的商業世界撲朔迷離，令人難以捉摸，但以數學為鑰匙，就能掌握其底層邏輯，讓你洞若觀火。

這正是我寫作此書的緣由。在這本書中，我將從數學對商業的重要性開始講起，用一個簡單的「創業成功公式」告訴你怎麼做才能持續成功。接下來，我會用簡單而有趣的方式，把那些能啟發你的商業思維、幫你抓住本質的數學知識重新講給你聽。

◇ **四則運算**：基於數字的加減乘除在商業世界具有獨特價值，掌握這個工具，你就能從數字中開採出「礦藏」。比如，用加減乘除來分析一家公司的財務報表，能使你如同透視一般瞭解其真實的經營情況。

◇ **笛卡兒座標系**：利用笛卡兒座標系創建的重要思維工具——維度，養成「五維思考」的習慣，你就能升維思考、降維執行，從而更好地理解商業世界，在創業道路上所向披靡。

◇ **指數和冪**：指數和冪以及它們背後的數學規律，幾乎決定了你在商業世界裡能獲得多大的成功。理解了這兩個數學概念，你就能看清這個「不平等」的世界的遊戲規則，明白「多者更

多，少者更少」才是世界的正常狀態，從而選擇適合你的賽道，在你的賽道裡，做時間的朋友，收穫屬於你的成功。

◇ **變異數（standard deviation）與標準差**：變異數與標準差是衡量差異性的重要工具，掌握了這兩個數學工具，你就懂得在經營企業、管理團隊、製造產品時縮小該縮小的差異性，擴大該擴大的差異性，從而確保企業的良性運轉。

◇ **機率與統計**：這個世界從來都是不確定的，創業就是管理機率。只有懂得機率和統計，理解了數學期望、大數定律（law of large numbers，大數法則）和條件機率等數學概念，你才能理解世界的不確定性並且不焦慮，在看清創業的真相後依然熱愛創業。

◇ **博弈論**：你在決策時，別人也在決策。這些決策相互影響，甚至相互交織，從而使那些奇妙的決策顯得很愚蠢，使那些莫名其妙的決策產生奇效。而收益矩陣（Payoff table/ Payoff matrix，報酬矩陣）、占優策略（dominant strategy，優勢策略）、納許均衡（Nash Equilibrium）等博弈論概念能幫助你在複數主體下做出更好的戰略決策，利用數學的力量讓自己在商業世界中始終「占優」。

　　現在，請你捧起這本書，跟著我領略商業中的數學之美，用

數學思維理解商業世界的底層邏輯。希望數學能為你帶來洞察之眼、深思之心，讓你看透商業的本質，在商業世界裡走得更遠、飛得更高。

底層邏輯 2

帶你升級思考，挖掘數字裡蘊含的商業寶藏

The Underlying Logic II
Understanding the Essence of Business

第 1 章

為什麼學好數學
對洞察商業本質很重要？

▌數學是用來描述萬物本質的語言

　　一個創業者、管理者或者企業家，為什麼要學習數學？

　　因為數學是用來描述萬物本質的語言。只有從數學上理解了一件事情，你才真正從本質上理解了這件事情。

　　所有的語言都是連接器。文字語言是用來連接寫作和閱讀者的，聲音語言是用來連接說話者和接收者的，音樂語言是用來連接演奏者和聆聽者的，設計語言是用來連接創作和欣賞者的，電腦語言是用來連接現實世界與虛擬世界的。

　　數學語言呢？它是用來連接現象和本質的。

基礎成功率

　　創業時，我們經常說「天道酬勤」「堅持就是勝利」「失敗是成功之母」「這個世界上只有一種失敗，就是半途而廢」。

　　愛迪生試驗了1600多種耐熱發光材料，終於發明了白熾燈。維斯特貝卡（Peter Vesterbacka）研發了50多款遊戲，屢敗屢戰，最終創造了《憤怒鳥》。王興歷經9次創業失敗，最終做出了美團[1]。

1　編注：美團是中國一家以生活消費平台為主的電子商務公司。

　　你看，只要堅持不懈，只要不放棄，努力終將獲得回報，我們終將走向成功。

　　真的是這樣嗎？怎麼聽上去這麼像「雞湯」？但是，這些現象又真實存在。我們真的可以用這些「雞湯」來指導創業嗎？

　　這時，我們要借助數學語言來理解這些現象背後的本質。

　　首先，你要理解一個非常重要也非常基礎的概念，叫「基礎成功率」。

　　基礎成功率是一個多因素變數。它受創業者個人能力的影響（如有沒有創過業、踩過坑、帶過團隊等），受所在行業特性的影響（如行業集中度、巨頭對產業鏈的掌控度，以及行業是否面臨巨大的技術變革等），受競爭性強弱的影響（如進入門檻高不高，退出門檻是否很低，進來後退不出去的人是否會「寧為玉碎，不為瓦全」地戰鬥到剩最後一滴血等），受各種政策的影響（如是否符合國家戰略方向，地方是否有扶持政策，是否受到各種政策制約等），甚至受一些意外狀況的影響（如CTO[2]突然離職去看世界了，下一輪融資泡湯了，資料庫被加班到絕望的程式師一怒之下刪了等）。

　　在這麼多因素（甚至可能沒有一個主導因素）的影響之下，隨著創業活動的開展，基礎成功率或高或低地變化著，在0和

2　　編注：chief technology officer，科技長

100%之間移動。

基礎成功率不可能等於0。萬一你第一次買彩券，就中了1000萬元呢？萬一你隨手抓了一副牌，就「天和」了呢？雖然可能性極低，但不是完全沒有可能。這就是愛迪達所說的「沒有不可能」、李寧所說的「一切皆有可能」[3]。

基礎成功率不可能等於100%。萬一有人突然發明了一項顛覆性技術呢？萬一像教培行業一樣突然就被治理了呢？[4]雖然不容易遇到，但是「黑天鵝[5]」一定在某個角落等待起飛。這時，很多企業會感嘆：「為什麼我們做對了所有事情，依然錯失城池？」

用數學語言來表述，對創業企業來說，基礎成功率的取值範圍是：

$$0<基礎成功率<100\%$$

那麼，創業企業通常的基礎成功率是多少呢？

這就要看你怎麼定義成功了。

每個創業者對成功的定義都不一樣，但是，商業界對企業的

3　編注：是中國北京一家體育品牌民營企業，以經營李寧品牌專業及休閒運動鞋、服裝、器材和配件產品為主。

4　編注：中國教育：雙減新政落地滿月 教培行業經歷最寒冷的暑假（2021-8-26）
　　https://www.bbc.com/zhongwen/trad/chinese-news-58329276

5　編注：指看似極不可能發生的事件，它具三大特性：不可預測性；衝擊力強大；後見之明。

成功還是有基本共識的，那就是：永續經營。換句話說，就是一直活下去。活得越久，企業越成功。這就是我們嚮往和追求「百年企業」的原因。雖然我們不可能真正地「永續」，但應該活得儘量久。

可是，多久叫「久」呢？

我們來看一組資料：中國中小企業的平均壽命大約為2.5年，生命週期超過5年的企業不到7%，能活過10年的企業僅有2%。[6]

你認為活多久叫成功？5年？那麼中國企業的基礎成功率只有7%。10年？那麼中國企業的基礎成功率只有2%。

當然，這是一個全國平均值。我知道，作為創業者，你可能很優秀，名校畢業，有大公司工作背景，甚至拿到了融資，所以，你的基礎成功率遠遠高於社會平均水準。好，我們假設你的基礎成功率是平均水準的10倍，也就是2%×10＝20%。

20%，看上去仍然是一個不高的比例。怎麼辦？

這時，我們要開始動用「堅持、不放棄」的品質了：失敗了，不放棄，堅持再來一次；還不行，那就再來一次。

這時，你要理解另一個也很重要但稍微有點難的概念，叫

6　木木「斷臂求生」的限制條件（2021-12-14）
　　https://www.stcn.com/space/tg/202112/t20211214_3966806.html

「整體成功率」。

整體成功率

你從5張牌中隨機抽1張，你抽中了「一等獎」——一部iPhone，直接拿回了家。請問，你抽中iPhone的基礎成功率是多少？是1/5，也就是20%。

如果你沒抽中，你說：「啊，沒抽中。不服氣，我再抽一次。」可以，我讓你抽第二次，還是從5張牌中隨機抽1張。請問，你第二次抽中iPhone的基礎成功率是多少？還是20%。這就是機率論裡的「獨立事件」。你第二次抽中的基礎成功率不會因為第一次沒抽中而提高或者降低。

但是，你抽了兩次，在這兩次中，無論哪一次抽中，你都能把iPhone拿回家，都叫成功。如果把兩次嘗試中只要有一次成功就叫成功的機率稱為「整體成功率」，那麼，請問你抽中iPhone的整體成功率是多少？

是20%＋20%＝40%嗎？

不是，是36%。

你可能很疑惑：「啊？為什麼？」這涉及一點中學數學知識。我會盡我的努力，讓整本書裡提及的數學概念你都能看懂。

抽兩次獎，會有三種可能性，如表1-1所示。

表1-1　抽兩次獎三種能性

	第一次	第二次
可能性1	中獎	（不用抽了）
可能性2	沒中獎	中獎
可能性3	沒中獎	沒中獎

在可能性1、可能性2這兩種情況下，你都可以把iPhone拿回家。總體來說，這都叫成功。只有可能性3這種情況，運氣實在不好，兩次都沒抽中，你才會悻悻而歸。

那麼，只要算出可能性3的機率，排除掉它，剩下的不就是整體成功率嗎？

連續兩次沒中獎的機率是多少呢？

第一次中獎的機率是20%，沒中獎的機率是80%。第二次抽獎是獨立事件，沒中獎的機率還是80%。所以，連續兩次沒中獎的機率是80%×80%＝64%。於是，兩次中至少有一次中獎（不管是第一次還是第二次）的整體成功率是：1-64%＝36%。

你發現了嗎？只抽一次，你的「基礎成功率」是20%。抽兩次，你的「整體成功率」是36%。你的基礎成功率提高了。

那麼，抽三次呢？

你運氣差到三次都不中的機率，是80%×80%×80%＝

51.2%。反過來，你的整體成功率就變成了：1-51.2%＝48.8%。

抽獎的次數越多，你的整體成功率（至少有一次成功的機率）就越高，如表1-2所示。

表1-2　抽獎次數與基礎成功率、整體成功率

	抽一次	抽二次	抽三次
基礎成功率	20%	20%	20%
整體成功率	20%	36%	48.8%

創業也是一樣。你堅持、不放棄的次數越多，你的整體成功率（至少有一次創業成功的機率）就越高。

當然，創業要比抽獎複雜。最複雜之處就在於，人是有學習能力的。第一次創業失敗的經驗能用於第二次創業，從而提高第二次創業的基礎成功率。如果第二次創業還是失敗了，積累的經驗還能用於第三次創業。所以，創業者的基礎成功率通常是不斷提高的。

這就是我們常說的「失敗是成功之母」。

我們假設「失敗」這個母親每次都「生」出了額外的5%的基礎成功率，而某位創業者三次創業的基礎成功率為20%、25%、30%，那麼，他的整體成功率是多少呢？如表1-3所示。

表1-3　創業者三次創業的基礎成功率與整體成功率

	創業一次	創業二次	創業三次
基礎成功率	20%	25%	30%
整體成功率	20%	40%	58%

　　將表1-2和表1-3對照來看，你會發現，與抽獎相比，隨著堅持的次數增加，創業的整體成功率有了更大的提升。

　　這就是為什麼我們說「創業需要賭性，但不是賭博」。

　　但是，不管是48.8%，還是58%，整體成功率都不算非常高。創業者可能會問：我希望「一定成功」，或者「幾乎一定成功」，到底要創業多少次呢？

　　首先，沒有絕對的「一定成功」。因為整體成功率和基礎成功率一樣，不可能等於100%，總有你控制不了的外部因素和意外情況。

　　你可以換一種問法：到底要創業多少次，才能讓我的整體成功率大於99%呢？

　　我們來算一下。

　　我們假設「失敗是成功之母」是真命題，也就是說，只要你能保持從失敗中學習，就能不斷提高基礎成功率。但是同時，我們也假設「失敗所能帶來的基礎成功率提升是有限的」，因為成

功在很大程度上是由不可控的外部條件所決定的，所以，我們把基礎成功率的上限設定為50%。

於是，我們可以得出表1-4。只要你能「stay hungry」（求知若饑，即不斷學習，提高基礎成功率）、「stay foolish」（虛心若愚，即不斷嘗試，提高整體成功率），並且堅持、不放棄達到10次，你的整體成功率（至少成功一次）就提升到了99.44%。

表1-4　創業十次的基礎成功率與整體成功率

	創業一次	創業二次	創業三次	創業四次	創業五次	創業六次	創業七次	創業八次	創業九次	創業十次
基礎成功率	20.00%	25.00%	30.00%	35.00%	40.00%	45.00%	50.00%	50.00%	50.00%	50.00%
整體成功率	20.00%	40.00%	58.00%	72.70%	83.62%	90.99%	95.50%	97.75%	98.87%	99.44%

但是，如果你不學習呢？也就是第二次創業的基礎成功率和第一次創業一樣是20%，甚至此後無數次創業的基礎成功率永遠是20%呢？那你需要創業21次，才能因為運氣好而獲得99%的整體成功率。

認知的提升，幫助我們把獲得99%成功率的嘗試次數從21次減少到了10次。這就是為什麼我們說「人與人最大的差別就是認知」，也是為什麼創業者一定要學習、學習、學習，要永不停止

地學習。

創業成功公式

前文所述，可以歸納為一個公式，即：

$$整體成功率＝100\%－（100\%－基礎成功率）^{嘗試次數}$$

我們把這個公式叫作「創業成功公式」。

透過這個公式，你立刻就能理解怎麼提高整體成功率。有兩個辦法：一是提高基礎成功率，二是增加嘗試次數。

這也是為什麼我們說「正確的事情，重複做」。「正確的事情」就是能提高基礎成功率的事情，而「重複做」就是增加嘗試次數。

可是，即便這樣，我們還是無法100%獲得成功啊！

是啊，這個世界上沒有100%的成功率。就算你有了99%的整體成功率，依然有1%的可能會失敗。這時，古人會勸慰你「盡人事，聽天命」，成功企業家也會勸慰你「成功主要靠運氣」，比如騰訊馬化騰說「我創業初期70%靠運氣」，小米雷軍說「企業的成功85%來自運氣」，YouTube陳士駿也說「成功要90%的運氣加10%的努力」。

什麼是「盡人事，聽天命」？

　　「盡人事」就是提高整體成功率，而「聽天命」就是等待成功的降臨。如果真的不幸落在了1%的失敗機率區間，怎麼辦？那就坦然接受運氣之神沒有光臨的現實，再來一次，然後再來一次。

　　到這裡，我提到了這些俗語、古話、「雞湯」、創業真經。

◇ 天道酬勤。

◇ 堅持就是勝利。

◇ 失敗是成功之母。

◇ 這個世界上只有一種失敗，就是半途而廢。

◇ 沒有不可能。

◇ 一切皆有可能。

◇ 為什麼我做對了所有事情，依然錯失城池。

◇ 創業需要賭性，但不是賭博。

◇ Stay hungry, stay foolish（求知若饑，虛心若愚）。

◇ 人與人最大的差別，就是認知。

◇ 正確的事情，重複做。

◇ 盡人事，聽天命。

◇ 我的成功，主要是靠運氣。

　　這些話都對，但都是「盲人摸象」：有人說大象是根柱子，有人說大象是面牆，有人說大象是一面芭蕉扇……吵得不可開交。其實，這頭叫作「本質」的大象，用數學語言來表述，就是那個簡單的「創業成功公式」。

　　上述的俗語、古話、「雞湯」、創業真經，都是這個公式的不同描述方式而已。

　　這就是數學的魅力，這就是為什麼我們說「數學是用來描述萬物本質的語言」「只有從數學上理解了一件事情，才真正從本質上理解了這件事情」。

▌持續成功的底層邏輯是一個數學公式

那麼，從數學上真正理解了一件事情的本質，又能怎樣呢？

很多人說：「我學了那麼多道理，可還是過不好這一生啊。」

其實不然。不懂這些道理的，才過不好這一生。

我講個故事，這個故事從一個問題開始：「皇帝為什麼需要後宮佳麗三千？」

人類歷史上最大的創業者，可能就是各國歷朝歷代的開朝皇帝了。如果說創業是一個機率遊戲，那麼，打天下就是這個機率遊戲的終極版。成功了，則贏家通吃，獨吞整個天下。輸了，則誅滅九族，只能等待下輩子再投胎成為一條好漢，把「正確的事情，重複做」。

如果打天下是一個贏家通吃的機率遊戲，那麼，守天下呢？

均值回歸，「反常一代」

每位開朝皇帝能把天下打下來，一定有極其強大的綜合能力。他的基礎成功率可能無限逼近50%（假設基礎成功率的上限為50%）。可是，終有一天，他要把天下交給自己的下一代，對下一代說：「看，這是朕給你打下的江山。」

可是，他的下一代守江山的基礎成功率也會是50%嗎？

那就不一定了。

我們需要先理解一個數學概念，那就是「均值回歸」。

根據研究，一個家族的智商是「振盪遺傳」的。經過數代的遺傳，每個家族的智商上限和智商下限都是不一樣的。家族A的「智商頻寬」可能是100~120，家族B的「智商頻寬」可能是95~135，家族C的「智商頻寬」可能是130~150，家族D的「智商頻寬」可能是80~115。

開朝皇帝打下了江山，說明他的綜合能力很強。如果我們用智商來表示其綜合能力，那麼他的智商可能是130。130是一個很高的標準，據研究計算，全球只有2.28%的人智商超過130。這位皇帝屬於家族B，130在這個家族的「智商頻寬」（95~135）中屬於高點。

但是，他的下一代還會運氣這麼好，依然是智商130嗎？

不會的機率很大，因為上帝會重新擲骰子。他的下一代的智商落在95~135這個區間的任何一點上都有可能，但總體會趨向於中間值（115）。如果下一代的智商落在95~135之間的機率是均等的，那麼他的下一代有87.5%的機率比他智商低。

這就是「均值回歸」。每一代的智商都會出現均值回歸。而在家族「智商頻寬」內，接近聰明上限（比如家族B的135）的

人都是運氣極好的「異類」。均值回歸的趨勢造成了家族智商的
「振盪遺傳」，如圖1-1所示。

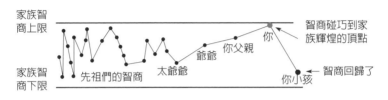

圖1-1　家族智商遺傳振盪圖（示意）

　　俗話說：「龍生龍，鳳生鳳，老鼠的兒子會打洞。」這句話
指的就是每個家族都有自己的「智商頻寬」。龍的智商可能總體
比老鼠高，但是，這並不代表龍的兒子就聰明。因為智商有「頻
寬」，「頻寬」的存在，使得再聰明的龍都有可能生出一條傻
龍。

　　所以，有人說，今天北京市海淀區在中小學教育方面最大的
矛盾，是一群學霸父母和他們不爭氣的孩子之間的矛盾。

　　在北京市海淀區有大量的網際網路公司，這些網際網路公司
用高薪網羅了大量優異的名校畢業生。這些優異的名校畢業生，
在他們各自的家族中，可能都是經過若干代「振盪遺傳」後運氣
特別好、突破均值甚至達到家族智商上限的「反常一代」。

「反常一代」被以高分為標準的考試機制、以高薪為標準的招聘機制選拔出來，聚集在北京市海淀區。當然，他們的個人努力也非常重要，因為，「反常一代」中也有由於自己不努力而未能被選中的。

但是，「反常一代」生出來的下一代，還會運氣這麼好地遺傳家族智商上限，繼續成為「反常一代」嗎？

不。他們大部分人都會「均值回歸」，成為一個普通人。這是普遍規律。

於是，這些學霸父母每天都非常痛苦：「這種題，我小時候閉著眼睛都可以做20道，你怎麼一晚上一道都做不出來！」

有位大學教授，從小就是「神童」，六歲時背完《新華字典》，從哥倫比亞大學獲得博士學位後，回國到大學教書。但是，這位「神童」的女兒考試成績在全班卻是倒數。教授為此焦慮得整夜睡不著覺，在辦公室看女兒寫作業時會急得大吼大叫，甚至堅持騎自行車接送女兒上下學，為的是利用通勤時間輔導女兒。

但是，後來他逐漸不焦慮了，慢慢接受了現實。每一代人都有自己的生活和幸福，並不一定要成為學霸。他在短影音平臺上說：「我接受女兒是個平庸的孩子了。」

大學教授可以接受自己的孩子是平庸的，但皇帝接受不了：

「若是皇位傳給了傻兒子，我死後，他豈不是隨隨便便就被佞臣
弄死了？我的江山不就沒有了？這可不行，我必須要生出至少一
個聰明兒子啊。」

多生兒子，擇優而立

還記得前面我們說的「創業成功公式」嗎？

對於皇帝來說，這個公式裡的基礎成功率就是生出一個聰明
兒子的機率。這個機率不由人來決定，而由上帝擲骰子決定。為
了便於理解，我們假設一個開朝皇帝有20%的基礎成功率生出一
個聰明的兒子，守住江山。

但是，皇帝說：「20%哪兒夠啊！我要千秋萬代，不容閃
失。」怎麼辦？那就只能關注第二個變數——嘗試次數。直白地
說，就是「多生」。

到底生多少個孩子，才能有99%的整體成功率生出一個能守
住江山的聰明兒子呢？我們在前面計算過：21個。

在古代，只有兒子才能繼承霸業，而生育的男孩女孩比通常
是1：1，所以，為了生21個兒子，開朝皇帝至少要生42個孩子。
而且，這42個孩子必須在比較短的時間裡生出來，這樣皇帝才能
相對集中地培養、選拔接班人，才能在自己有足夠掌控力的時候
交棒給下一代。假設這個時間視窗是20年。

20年生42個孩子，只靠皇后一人是做不到的。怎麼辦？

古代不是一夫一妻制，因此，皇帝需要後宮佳麗三千，生孩子。

不管古代皇帝有沒有學過數學，他都在遵循著這個「創業成功公式」，用調整公式裡的變數（嘗試次數）的方式，來獲得更大的整體成功率，以求江山穩固。

劉備一生只有3個親生兒子，劉禪、劉永、劉理，最後傳位給了長子劉禪，也就是著名的阿斗，而阿斗的智商出現了「均值回歸」，成了「扶不起的阿斗」。

而魏武帝曹操生了至少32個子女，所以，他的兒子中有才華橫溢的曹植。唐太宗李世民更厲害，一共生了35個子女。明太祖朱元璋有44個孩子，唐玄宗李隆基有59個孩子，宋徽宗趙佶有80個孩子，一個比一個能生。

清朝的「康乾盛世」是個典型的例子。

康熙皇帝有30多個兒子，活下來24個。這個數量已經相當多了，其中一定有優秀的。果不其然，其中有9個人脫穎而出，於是就有了「九子奪嫡」。最後，康熙皇帝傳位給第四個兒子胤禛，也就是後來的雍正皇帝。

雍正皇帝是一位「日夜憂勤，毫無土木、聲色之娛」的皇帝，但也有28個老婆，一共生了10個兒子。很不幸，其中6個夭

折了。最後，雍正皇帝也把皇位傳給了自己的第四個兒子——弘曆，也就是乾隆皇帝。康雍乾三代皇帝，雖然無法改變每個兒子的智商這個「基礎成功率」，但是他們透過增加「嘗試次數」的方式，多生兒子，擇優而立，從而提高了「整體成功率」，從某種角度來說造就了歷史上著名的「康乾盛世」。

你現在明白了，皇帝有三千後宮佳麗，並不一定或至少不完全是因為荒淫無度。這個制度的背後，還有數學的底層邏輯——創業成功公式，這個底層邏輯能幫助像「帝國」這樣的特殊創業公司完成轉型和傳承。

微信打敗米聊[7]，源於「賽馬機制」

現在已經沒有皇帝了，還需要學習數學嗎？

當然需要。不但需要，還更需要了。

我舉個例子。

2010年，剛剛成立的小米公司還沒有開始造手機，他們造了一款聊天軟體，叫米聊。如果你沒有用過米聊，你可以看看你的微信，米聊和今天的微信非常像。或者應該反過來說，微信和曾經的米聊非常像。我們今天用的微信其實比米聊晚了3個月才發佈第一版。

7　編注：米聊（Mi Talk）是小米科技於2010年12月推出的即時通訊軟體。

為什麼最擅長做社交軟體的騰訊居然比剛剛成立的小米更晚發佈新的社交軟體？

這恰恰是因為騰訊最擅長做社交軟體，它覺得自己已經有QQ了，不再需要另一款和QQ很像的社交軟體，即使新的社交軟體有些不同，即使新的社交軟體能實現按著螢幕發語音。

米聊發佈後，獲得了非常積極的市場反應。一種危機意識開始在騰訊內部蔓延，很多人覺得：「不行，我們一定要做。」但是，米聊已經有了先發優勢，騰訊該怎麼辦？

現在，我們再來看一下「創業成功公式」：

$$整體成功率＝100\%－（100\%－基礎成功率）^{嘗試次數}$$

這個公式裡只有兩個變數：一是基礎成功率，二是嘗試次數。

米聊已經有了先發優勢，所以騰訊的基礎成功率可能並不比小米高。那怎麼辦？必須想辦法增加嘗試次數。

於是，騰訊安排了三個團隊同時做微信：QQ團隊、成都的一個團隊，以及在廣州負責業務的張小龍團隊。

所有人都很自然地認為，QQ團隊是最應該把這件事做成的。但是，萬一這個團隊不行呢？那麼，整個騰訊的未來就會輸在這個「萬一」上。

馬化騰在後來的一次演講中說：「坦白講，微信這個產品如果不是出在騰訊，不是自己打自己，而是出在另外一個公司，我們可能現在根本就擋不住。回過頭來看，生死關頭其實就是一兩個月。」

最後的結果，我們都知道了：張小龍團隊贏了，不，應該說是騰訊贏了。這三個團隊的基礎成功率可能都不高，但是馬化騰用三個團隊一起做的方式增加了嘗試次數，從而提高了騰訊的整體成功率。

所以，最厲害的不是張小龍，而是馬化騰。張小龍是一匹千里馬，而馬化騰經營的是馬場。這就是騰訊著名的「賽馬機制」。

馬化騰說：「我們當時很緊張，騰訊內部有三個團隊同時在做，都叫微信，誰贏了就上誰的。最後，廣州做Email出身的團隊贏了，成都的團隊很失望，就差一個月。」

就差一個月。如果騰訊沒有成功，今天大家見面可能就不是說「加個微信吧」，而是說「加個米聊吧」。

但是，你認真想一想，騰訊「賽馬機制」的基本邏輯是什麼？是「多生兒子，擇優而立」。這和康乾盛世的邏輯是一模一樣的。自「多生兒子，擇優而立」成就了微信之後，騰訊又開啟了一輪新的盛世。

　　不管是曾經的康乾盛世，還是今天的騰訊轉型，其持續成功的背後，都有同一個數學公式作為底層邏輯。

被「妖魔化」的數學，其實有趣又有用

回到最開始：一個創業者、管理者或者企業家，為什麼要學習數學？

因為數學是用來描述萬物的語言。只有從數學上理解了一件事情，才真正從本質上理解了這件事情。而只有從本質上理解了創業這件事，你的「解題思路」才能源源不斷、噴薄欲出。

我打算透過這本書幫助作為創業者、管理者、企業家的你，好好利用數學語言理解商業的本質，從而破解萬般商業難題。

但是，很多創業者特別害怕數學，即使數學是通往底層邏輯之門的最後那把鑰匙。為什麼？因為他們被數學傷害過。

自從中學老師開始講三角函數sin和cos的那一天起，在很多人的心中，數學書就變成了「天書」。數學老師的面目也變得嚴肅甚至可憎起來，因為他不斷地要求大家死記硬背各種完全不懂的公式，做一些完全不知道有什麼現實意義的證明題。

學習時「昏昏」，做題時怎麼可能「昭昭」？很多人的頭腦，被抽象的漿糊塞滿。於是，我身邊有很多同學在填報大學志願時唯一的標準就是「這個專業不學數學」。

數學，在一些人眼中是最美的東西，在另一些人眼中卻變成

了魔鬼。這真是一件非常可惜的事情。

我本科讀的就是數學專業，我可以很負責任地說，數學一點都不難。如果你覺得難，一定是因為你的學習方式有問題。而且，數學非常有用。每一個數學邏輯，都能解決無數現實問題。

有趣的進位

所有的數學，都是為了解決問題。比如，10進位、12進位、60進位，甚至20進位。

請問：為什麼人類會普遍採用10進位來計算？

假設我們都生活在古代，我家沒吃的了，你好心給了我幾個果子，我非常感恩，於是用小本本記下來，下次加倍還給你。對了，古代沒有小本本，那怎麼辦？那就結繩記事（在繩子上打一個結就代表一個果子），或者刀刻計算（在石頭上劃一道刀痕就代表一個果子），或者撿石頭計算（一個小石子就代表一個果子）。

計數，是人類最基本的商業需求。但是，繩子太稀缺，刀痕帶不走，石子容易丟，怎麼辦？全人類都不約而同地望向了自己的雙手。用手指頭啊！一個果子，按下一根手指頭。又一個果子，再按下一根。手指頭是上天賜予人類的、最早的、可以隨身攜帶的計算機。

但是，一個人只有10根手指頭，第11個果子怎麼計算？於是，古人發明了一個天才的計算工具——進位。10根手指頭用完了，進一位，然後再按一輪。在進位的加持之下，手指頭可以無窮無盡地用下去。這就是10進位的來源。

可能有人會說：「這也太簡單了吧。誰不知道10進位是從10根手指頭來的呢？」

那我再問一個問題：為什麼10進位如此自然，但有些場合我們卻用12進位呢？

比如天上的十二星座、我們的十二生肖。我是1976年出生的，屬龍。有一次，我遇到一個2000年出生的實習生，我對他說：「我比你大兩『輪』。」一輪，其實就是一次進位。我們為什麼會以12年而不是10年為一「輪」呢？

這個問題的答案，還是在你的手上。

人類一隻手有5根手指。拇指的作用是配合其他4根手指頭完成抓握。拇指有2個指節，而除了拇指之外，其他4根手指都有3個指節。現在，請你用你一隻手的拇指，指向同一隻手食指最下面的指節，說「1」。接著，往上移動一個指節，說「2」。再往上移動一個指節，說「3」。然後，換到中指最下面的指節，說「4」……如此把4根手指的所有指節都數一遍，是多少？對，是12。

　　這就是12進位的來源。一部分人用數手指頭的方法計數，另一部分人用數指節的方法計算。於是這世界既有了10進位，也有了12進位。

　　而且，如果你剛剛真的跟著我一起做了，有一種什麼感覺？是不是有「掐指一算」的感覺？

　　天啊！原來電影裡那些看上去神神道道的「掐指一算」，就是在用12進位計算啊！很有趣，是嗎？

　　據說，最早使用12進位的是蘇美人。蘇美人用12進位調整了曆法，所以，今天我們在天文學領域會看到很多12進位的用法。

　　我再問一個問題：除了10進位、12進位，為什麼人類還有60進位呢？

　　比如鐘錶，1分鐘是60秒，1小時是60分鐘。再比如我們常說的一甲子是60年。這又是為什麼呢？為什麼1分鐘不是10秒、1小時不是10分鐘呢？為什麼一甲子不是100年呢？

　　現在，我需要你的兩隻手了。

　　你先伸出右手，逐次按下去5根手指，這是1，2，3，4，5。然後，左手拇指指向食指第一個指節，表示進位。接著，右手再逐次按下去5根手指。又是一輪1，2，3，4，5。然後，左手拇指再進位。這樣，左手一共能進多少位呢？12位。所以，兩隻手聯動，就能計算5×12＝60。你看看鐘錶的錶盤，是不是逢五進

一，一共進了12次呢？

天啊！原來60進位也是聰明的人類充分利用手指而發明的啊。很有趣，是嗎？

60進位有很多優點，比如，因為有多個質因數（2，3，5），所以可以以多種形式分割（2份×30個、3份×20個、4份×15個、5份×12個、6份×10個），因此廣泛用於計時和角度計算。

原來如此。

現在，我想請你想想：人類不僅有10根手指，還有10個腳趾，會不會有某些地方的人類發明20進位呢？

還真有。古代馬雅人的計算法使用的就是20進位。數數時，手腳並用。

10進位、12進位、60進位、20進位……如果你的小學老師是這麼教你的，你是不是有可能一輩子都忘不掉了呢？

為什麼很多人學不好數學？其中一個原因是不知道學了有什麼用。當你知道你所學的數學公式有用時，自然就會把它們應用於真實世界中，甚至過目不忘。

有用的乘法

很多人學不好數學的另一個原因，是不知道為何如此。

我舉個例子。

請心算：9乘以13等於多少？117？沒錯。

怎麼算的？是不是先脫口而出「三九二十七」，然後用27加90，得出117？是的。我也是這麼算的。這沒錯。但是你發現了嗎？這麼算有個步驟是你繞不過去的，那就是「三九二十七」。

可是，你是怎麼知道「三九二十七」的呢？因為你和我一樣，小時候都背過九九乘法表（見圖1-2）。我們所有關於乘法的計算，都建立在熟練背誦「九九乘法表」的基礎上。

一一得一 1×1=1								
一二得二 1×2=2	二二得四 2×2=4							
一三得三 1×3=3	二三得六 2×3=6	三三得九 3×3=9						
一四得四 1×4=4	二四得八 2×4=8	三四十二 3×4=12	四四十六 4×4=16					
一五得五 1×5=5	二五一十 2×5=10	三五十五 3×5=15	四五二十 4×5=20	五五二十五 5×5=25				
一六得六 1×6=6	二六十二 2×6=12	三六十八 3×6=18	四六二十四 4×6=24	五六三十 5×6=30	六六三十六 6×6=36			
一七得七 1×7=7	二七十四 2×7=14	三七二十一 3×7=21	四七二十八 4×7=28	五七三十五 5×7=35	六七四十二 6×7=42	七七四十九 7×7=49		
一八得八 1×8=8	二八十六 2×8=16	三八二十四 3×8=24	四八三十二 4×8=32	五八四十 5×8=40	六八四十八 6×8=48	七八五十六 7×8=56	八八六十四 8×8=64	
一九得九 1×9=9	二九十八 2×9=18	三九二十七 3×9=27	四九三十六 4×9=36	五九四十五 5×9=45	六九五十四 6×9=54	七九六十三 7×9=63	八九七十二 8×9=72	九九八十一 9×9=81

圖1-2　九九乘法表

但是，你知不知道這個世界上有一些國家是不背「九九乘法表」的呢？

你不信？那你問問你周圍的俄羅斯朋友，這個「戰鬥民族」就是不背「九九乘法表」的。事實上，全世界靠背誦「九九乘法表」來做乘法計算的國家，主要集中在東亞，比如中國、日本、朝鮮、韓國、越南等。而俄羅斯、法國以及其他很多國家，都沒有「九九乘法表」。

太不可思議了吧？沒有「九九乘法表」，他們是怎麼做乘法計算的呢？他們的乘法五花八門、腦洞大開，但是都是有用的。

比如，俄羅斯農夫是怎麼計算9乘以13的呢？他們會拿出一張紙，把9和13分別寫在第一行的左邊和右邊，然後，在第二行把9翻倍（18），把13減半（6.5）。6.5不是整數，就捨掉小數，只寫6，所以第二行是18和6。同理，第三行把18翻倍，把6減半，得到36和3。第四行再翻倍和減半，得到72和1.5。1.5，取整數1，於是第四行是72和1。

聽上去有點複雜，但畫張圖你就明白了，如圖1-3所示。

俄羅斯農夫怎麼計算乘法
9×13＝？

9	13
18	6
36	3
72	1

圖1-3　俄羅斯農夫計算乘法的列式

然後，你看看右邊這一列，有哪幾個是「奇數」？13、3、1都是奇數，那麼，把這三個奇數對應的左邊的數加在一起，看看是多少？如圖1-4所示。

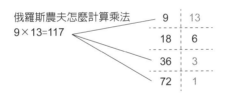

圖1-4　俄羅斯農夫計算乘法的方法

沒錯，就是117。

天啊，這也太神奇了吧？就這麼不斷地左邊翻倍、右邊減半，最後把其中幾行一加，就是正確答案。為什麼啊？

在這裡我們不講為什麼，只是想告訴你一件事：乘法的計算方式不止一種。這種乘法被稱為「俄羅斯農夫乘法」，它的計算效率不如「九九乘法表」高，但也是準確且有用的。對數學而

言，準確且有用，就是對的。

再比如古埃及人計算9乘以13的方式，也很有意思。西元前
3000年，古埃及人用堆石頭的方式來計算乘法。他們先在地上堆
13個石頭，然後在右邊另放一個做標記。第二行的石頭翻倍，標
記也**翻倍**。第三行的石頭在第二行的基礎之上再**翻倍**。第四行再
翻倍。如圖1-5所示。

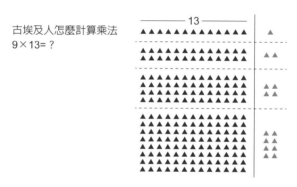

圖1-5 古埃及人計算乘法採用堆石頭的方式

現在，我們看看右邊用於標記的石頭，哪幾行加在一起是9
個？第一行和第四行。把這兩行的石頭加在一起數一數，看看有
多少個？沒錯，117個。如圖1-6所示。

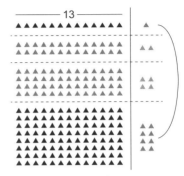

圖1-6 古埃及人計算乘法的過程

天啊，這也太神奇了吧？就這麼不斷地左邊翻倍、右邊翻倍，最後把其中幾行一加，就是正確答案。為什麼啊？

其實，這個世界上不只有「俄羅斯農夫乘法」「古埃及乘法」，還有「印度乘法」「劃線乘法」等，都是用來計算乘法的方式。所有這些計算乘法的方式都是對的，都是準確且有用的。

但是要論效率，用「九九乘法表」計算的效率是其他乘法計算方式所不及的。

「九九乘法表」是中國人在春秋戰國時期發明的。秦始皇統一六國後，「九九乘法表」成了當時的數學教材，里耶秦簡[8]的發現充分證明了這一點。13世紀，「九九乘法表」傳入西方國

8　里耶秦簡發現於湖南省湘西土家族苗族自治州龍山縣裡耶鎮裡耶古城1號井，共36,000多枚。主要內容是秦洞庭郡遷陵縣的檔案，包括祠先農簡、地名里程簡、戶籍簡等。

家。但是，漢語裡的1~9都是單音節，而英語裡的1~9（one, two, three...nine）音節卻有單有雙，所以西方國家的人們很難用英語有韻律地背誦中國的「九九乘法表」。俄語就更複雜了。所以，「九九乘法表」最終只在以中國為主的東亞地區廣泛使用。「九九乘法表」這一偉大發明，賦予了幾乎所有中國人出色的基礎計算能力。

如果你知道你小時候背的「九九乘法表」居然這麼有用，是不是背起來會更加有興趣呢？

結語：

數學不但非常有趣，而且很有用。

如果你覺得數學枯燥，而且脫離現實，除了考試之外毫無用處，那麼是非常可惜的。你錯過了一門連接現象與本質的語言，錯過了理解商業世界最底層邏輯的終極方法。

沒關係，這就是我要寫這本書的原因。

作為數學系畢業的商業顧問，我覺得我有責任讓你飽覽商業中的數學之美，享受窺探商業最底層邏輯時的恍然大悟。而這需要的可能僅僅是一些非常簡單但極其有趣且有用的數學知識。

我在這本書裡所提及的數學知識，都是你學過的。只不過，我會換一種簡單而有趣的方式重新講給你聽，教你重新掌握這門

數學語言，讓你從此在商業世界複雜的現象和純粹的本質之間自由地穿梭。

下一章，我們先從最簡單的一組數學概念——加減乘除開始。

你準備好了嗎？

第 **2** 章

四則運算
數位化最重要的是什麼？數字

本章我們先從一個最簡單的數學概念——數字開始。

最近兩年，數位化非常紅，很多創業者、管理者、企業家都說要數位化。那麼請問，對於數位化來說，最重要的是什麼？

最重要的當然是「數字」啊！

如果一家企業的管理層沒有足夠的數字敏感性，企業內部也沒有基於數字進行討論、分析、決策、考核、獎勵的流程，那麼花大價錢引入能產生海量數字的數位化系統幾乎是毫無用處的。

所以，當有企業家問我「應不應該引入數位化系統」「應不應該進行數位化轉型」的時候，我通常會問他兩個問題：

第一，你會看財務報表嗎？

第二，你們公司的員工Excel用得怎麼樣？

所有稍微正規一點的公司，必然有一套「專用數位化系統」和一套「通用數位化系統」。

財務報表是最準確有效的「專用數位化系統」。

財務軟體每天積累大量資料，每月產生各種報表。這套數位化系統裡的資料、報表，就像體檢指標一樣，毫不掩飾（也無法掩飾）地揭示出企業的發展勢頭、機運挑戰、風險雷區。財務資料就是整個公司經營狀況的數位化呈現。

你看財務報表嗎？如果連這個現成的「專用數位化系統」都不看，那麼引入任何新的數位化系統，結局估計都是一樣的。

而Excel是最簡單易用的「通用數位化系統」。

中小企業早期所面臨的經營問題，其實並不需要購買專用數位化系統來解決，用Excel就能妥善處理。比如KPI（關鍵績效指標）、OKR（目標與關鍵成果法）、CRM（客戶關係管理）、進銷存管理、專案管理、員工考核等，都可以用Excel來做。如果你已經把幾百元的Excel用到了極致，還是覺得不夠用，那你確實應該考慮買幾百萬元的數位化系統了。但如果Excel都沒用好，甚至都沒用過，那你買的新數位化系統恐怕一樣會束之高閣。

會看財務報表，會用Excel，顯現了一家公司對「數位」最基本的尊重。

基本的尊重？那高級的尊重是什麼樣的呢？

我跟你講個故事。

這個故事是時任微軟中國總裁唐駿講給我們聽的。

唐駿說，他每次去微軟西雅圖總部做年度述職，都「視死如歸」。述職前，團隊會在當地預訂一家酒吧。如果述職會上扛下來了，他就和高管們去酒吧喝慶祝酒，否則，就和高管們去酒吧喝散夥酒。

為什麼？因為向微軟當時的全球CEO史蒂夫・鮑爾默（Steve Ballmer）彙報工作，是有可能丟飯碗的。

在大會議室裡，鮑爾默往辦公椅上一坐，一言不發。圍坐在他旁邊的，是一群微軟全球副總裁，有負責法務的、有負責財務的、有負責人事的，還有負責各條業務線的。各個國家分公司的CEO一個接一個地彙報一年的工作。

微軟的彙報風格是在一頁PPT上放16頁PPT的內容。一張PPT先分為四部分，每一部分再分為四部分，裡面塞滿文字、圖表、資料，密密麻麻。彙報時，巨大的投影機將PPT投影到一面更大的牆上。然後，彙報者一頁、兩頁、三頁……不斷地往下翻，依次進行講解。

突然，鮑爾默打斷了彙報者。他指著PPT上一個小小的數字說：「這個數字和第三頁中的數字為什麼不一致？你解釋一下。」

彙報者趕緊往回翻到第三頁，一看，果然不一致！在場所有人都一身冷汗，如坐針氈，沒有人敢發出聲音。

「Know your business（懂你的生意）。如果數字錯了你都看不出來，你怎麼可能懂你的生意？」說著，鮑爾默就喊來旁邊的微軟全球HR，當場解雇那名分公司CEO。

因為他不懂他的生意。

那麼，如何才能理解數字，用數字來決策呢？

也許，你需要重新學習小學數學，重新學習「加減乘除」這

個最基礎的數字計算工具。

　　人類發明加減乘除，不是用來考試的，而是用來解決問題的。商業世界的加減乘除，更是以解決商業問題為使命。

用乘法合作，用除法競爭

什麼是「商業世界的加減乘除」？

為了講清楚這件事，我畫了一張圖，如圖2-1所示。

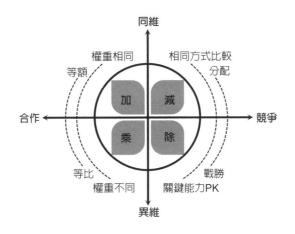

圖2-1　商業世界的加減乘除

這張圖的橫軸是競爭、合作。

商業世界的生命體是企業。和生物世界的個人一樣，企業也需要謀求個體的生存繁衍（競爭），以及群體的共生繁榮（合作）。有時候企業選擇競爭，有時候企業選擇合作，但目的都是永續經營。

這張圖的縱軸是同維、異維。

合作與競爭可能在同一個維度上，也可能在不同的維度上。10個人都在種地，大家的貢獻是在同一個維度（種地）上的。但是，如果有人澆水，有人種地，有人運輸，大家的貢獻就在不同的維度上了。

為什麼要理解競爭合作、同維異維？因為理解了這兩件事情，你就能理解什麼是「商業世界的加減乘除」了。

加法：同維合作

商業世界的加法，是同維（圖2-1中左上角的象限）。

你看過4×100米接力賽嗎？如果看過，你是否想過：同樣是多人協作的比賽，4×100米接力賽和足球賽有什麼差別？

差別很多。其中最核心的是，4×100米接力賽雖然名字中帶有乘法符號「×」，但本質上是「加法比賽」。4×100米接力賽的最終成績，是4名選手各自成績的簡單加總（雖然有一定的協作）。每名選手用同樣的方式、同樣的權重，為整體成績做貢獻。

這種個體用同樣的方式、同樣的權重為整體做貢獻的方法，就是加法。

商業世界中，加法無處不在。

　　你是怎麼安排銷售員工作的？安排10個銷售員，讓每個人都獨立地發展客戶，各自「打糧食」回家？如果是這樣，你是在用「加法」管理公司。每個銷售員都用同樣的方式、同樣的權重，為公司的整體業績做貢獻。

　　但是有的公司不是這麼做的，比如貝殼找房[9]。貝殼找房用乘法來管理公司。

乘法：異維合作

　　商業世界的乘法，是異維合作（圖2-1中左下角的象限）。

　　在房產仲介行業，大部分公司是每個房產仲介顧問獨立作戰。但是，在貝殼找房眼裡，這種散兵游泳式的加法管理，是做不了大事的。為什麼不試試乘法？

　　貝殼找房把房產仲介顧問的工作分為10個角色：

◇ 房源方5個：房源錄入人、房源維護人、房源實勘人、委
　託備件人、房源鑰匙人
◇ 客源方5個：客源推薦人、客源成交人、客源合作人、客
　源首看人、交易或金融顧問

9　編注：是中國一個二手房、新房和和房屋出租資訊網站。

　　他們有各不相同的分工，任何一個人都不能獨立地完成全部銷售工作，需要彼此協作才能完成一單。他們對這一單的貢獻維度各不一樣（10個維度），權重也不一樣。這就是異維合作，這就是商業世界的乘法。

　　回到足球比賽，前鋒、中場、後衛、守門員這4個角色，從不同的維度、按不同權重對進球做出貢獻。足球比賽就是一種典型的異維合作，每個球員的貢獻之間是乘法關係。

　　有人說，中國人擅長小球（乒乓球、羽毛球），不太擅長大球（足球、籃球），其實，這種說法本身也許就是一種誤導。小球、大球，不是本質，只是現象。

　　所謂「小球」，基本都是單人比賽，至多是雙人比賽，因此，對異維合作的要求很少，獲勝主要靠加法。而所謂「大球」，每隊至少是5人（籃球），甚至是11人（足球），在這樣的比賽中，只能用乘法來組織戰術。

　　也許，我們真正的問題是太擅長用加法來管理團隊，一味地把優秀的個人聚在一起，卻沒有學會如何用乘法來管理團隊，如何在有效的分工之下達成精誠合作，實現共同利益。

　　商業世界裡的優秀演算法，大都是乘法。

　　比如，我在多本書裡反覆提到的「銷售萬能公式」：

銷售＝流量×轉化率×客單價×回購率

假設4個銷售員每人貢獻100萬元個人業績，總業績是400萬元。如果第一個銷售員的業績翻倍了，多貢獻了100萬元，那麼，總業績也會翻倍嗎？不會。總業績只會「加上」這100萬元，變成500萬元。

假設4個銷售員分別負責流量、轉化率、客單價、回購率，一共產生業績400萬元。如果負責流量的銷售員因為採用了創造性的方法使得流量翻倍了，那總業績會怎麼樣？總業績會「乘」2，翻倍，變成800萬元。

在加法公式裡，每個單元對整體的貢獻都是「等額」的貢獻。在乘法公式裡，每個單元對整體的貢獻都是「等比」的貢獻。這就是加法和乘法的區別。

有意思。

那什麼是商業世界的減法呢？

減法：同維競爭

商業世界的減法，是同維競爭（圖2-1中右上角的象限）。

鍋裡一共有10個饅頭，分給10個人，每人1個。我貪心一點，吃了2個，那肯定有一個人沒得吃。大家用同樣的方式，分

配同樣的資源，這就是同維競爭。

所有「分蛋糕」的問題，本質上都是同維競爭，也就是減法問題。

市場份額總共100%，若兩人分，你多占了20%，我就少了20%。用一個公式表示，就是：

100%－公司A的份額－公司B的份額－

公司C的份額－…＝空白市場

公司A、B、C……之間就是同維競爭。它們的市場策略，就是做減法。

在公司內部，也是一樣。所有分預算問題，本質上也都是同維競爭，或者說是減法問題。

比如，公司定下來今年的市場預算是2000萬元，讓每個產品線報一下自己的預算是多少，產品線A、B、C……都覺得自己很重要，拚命搶，最後總預算將近2億元。老闆讓他們減一減，每條產品線的負責人都愁眉苦臉，振振有詞地說不能減，減了就做不下去了。老闆很痛苦。

為什麼會這樣？因為每條產品線的競爭對手，是同維的其他產品線。這就是減法思維。

那怎麼辦呢？

試試用除法。

除法：異維競爭

商業世界的除法，是異維競爭（圖2-1中右下角的象限）。

每條產品線都想搶預算？可以。但是，請不要和其他產品線搶，試著和你的「營收」搶。

預算（支出）和營收（收入），是不同維度的數字。不要讓支出和支出競爭，要讓支出和收入競爭。怎麼競爭？

算ROI。

ROI就是「Return On Investment」（投資回報率），其中，「Return」是營收（收入），「Investment」是預算（支出），而「On」就是除法。用除法公式表示就是：

ROI＝營收（收入）/預算（支出）

所有產品線都可以來要預算，但是，這筆預算的年度ROI必須大於2，否則扣獎金。各條產品線先算算自己的ROI是多少，然後再決定申請多少預算。

這時，每條產品線的競爭對手不再是其他產品線，而是自己的營收能力。如果大家報上來的總預算還是2億元，你可能會笑著去借錢，因為這說明每條產品線都認為自己有能力打敗營收能

力這個強大的對手，而不是打敗其他部門的同事。

　　這就是異維競爭，這就是商業世界的除法。除法的核心，是把兩個關鍵經營數字分別放在分子、分母上，要求一個必須戰勝另一個。

　　這就是商業世界的加減乘除。

　　每個公司都有大量的數字，每個數字都有它獨特的價值，而商業世界的加減乘除，是從這些數字中開採出「礦藏」的最基本手段。

　　你學會了嗎？

　　沒學會？好吧，沒關係。我用一家公司的財務報表來讓你看看「加減乘除」這個數學工具應該怎麼用。

▌會加減乘除，看懂財務報表並不難

當我們說財務報表時，一般指的是資產負債表、損益表、現金流量表。

市面上有很多書教大家從財務的角度看財務報表，如果你學過，印象最深的可能是有很多公式。很多持證的財務專業人士都會為這些公式而頭疼。

為什麼？因為財務的底層邏輯是數字。大家對數字的恐懼，很自然地遷移到了財務上。

但是，如果你理解了加法的本質是同維合作，減法的本質是同維競爭，乘法的本質是異維合作，除法的本質是異維競爭，再看財務報表時就會發現，其實這些公式根本不用背，它們都是那麼理所當然，那麼簡單。

只要你稍微懂一點數學，就能「know your business」。

加法：資產負債表

先從資產負債表講起。

常見的資產負債表如表2-1所示。

表2-1 ××公司資產負債表（示例）（單位：元）

資產	年初數	期末數	負債及 所有者權益	年初數	期末數
流動資產：			流動負債：		
貨幣資金	49790.00	53190.00	短期負債	9000.00	9000.00
應收帳款	15000.00	15000.00	應付帳款	8500.00	10500.00
壞帳準備	2500.00	2500.00	應交稅費	5250.00	5250.00
應收帳款淨額	12500.00	12500.00			
存貨	5460.00	1540.00			
流動資產合計	67750.00	67230.00	**流動負債合計**	22750.00	24750.00
固定資產：			所有者權益：		
固定資產原值	12500.00	22500.00	實收資本	50000.00	50000.00
累計折舊	7500.00	7500.00	盈餘公積		
固定資產淨值	5000.00	15000.00	未分配利潤	0.00	7480.00
固定資產合計	5000.00	15000.00	**所有者權益合計**	50000.00	57480.00
資產總計	72750.00	82230.00	**負債及所有者權益總計**	72750.00	82230.00

　　第一次看資產負債表的人看到這張表，很可能會感到一陣眩暈：天啊，這一行行的數字，都是什麼「鬼」？怎麼統計出來的？這張表看上去高度抽象，真的能反映出我們的經營狀況嗎？我怎麼依靠它制定經營策略……一陣眩暈，逐漸變成一臉疑惑。

你有這些疑惑，很正常。

很多人會教你資產負債表的「財務邏輯」，卻沒人教你資產負債表的「數學邏輯」。理解了「財務邏輯」，你也許能學會怎麼「看」這張表。但是，只有理解了「數學邏輯」，你才會恍然大悟，明白這張表的發明者當初為什麼如此設計，明白應該如何用它來指導經營。

試著用我在上一節說的數學邏輯裡的加法去理解資產負債表，也許你就會豁然開朗。

什麼意思？

純講財務，過於枯燥。而且教你學會財務知識，也不是我寫這本書的目的，我的目的是提升你使用數學語言的能力，明白你用這種能力看透商業現象背後的本質。所以，在這裡我們不講道理，只講故事。

張三很想創業，一直在尋找機會。終於有一天，他有了一個讓自己激動不已的創業想法，他感覺太「讚」了，於是，立即辭職，開始創業。

可是，創業需要辦公室，需要招人，需要購買原材料。沒有這些，公司就無從經營。這些員工、原材料就是「資產」。而「利潤」，從某種意義上來說，就是資產的收益，或者換句話說，是資產下的「蛋」。

但是，創業所必須的資產是從哪裡來的呢？用錢「換」來的。辦公室是花錢租的，員工是花錢招的，原材料是花錢進的……所以，你必須有錢。

錢又是從哪裡來的呢？張三和老婆商量：「我們家不是有500萬元存款嗎？給我拿去創業吧，我一定能成功。等我賺了5000萬元，我給你們買大房子，讓你和孩子過上好日子。」老婆被張三說動了，就把500萬元存款拿出來給張三，張三用這筆錢註冊了公司。這500萬元一開始是完全屬於張三這個股東的，這就是「股東權益」。

但是，500萬元不夠，還差200萬元怎麼辦呢？借！

找父母借，找同學借，找同事借……最終，張三憑過去幾十年積累的信用借到200萬元。張三告訴他們：「你們的信任，我張三記住了。明年這個時候，我一定會連本帶利地還給你們。」張三借來的這200萬元就是「負債」。

我試著用經營的語言，而不是財務的語言，來解釋一下資產負債表這個最基礎的「加法表」。

有了錢之後，張三開始租辦公室，進原材料，招員工，做研發。這200萬元的負債和500萬元的股東權益加在一起，逐漸變為公司的資產。這個過程用一個公式來表示就是：

資產＝負債＋股東權益

這個公式，是一個折疊版的資產負債表。在這個公式中，債主和股東是同維合作關係，他們的錢「加」在一起，支持張三創業。只不過他們的支持都是有代價的——債主要利息，股東要利潤。

然後，張三開始經營自己的創業公司。所謂「經營」，就是展開這張資產負債表。

一開始，700萬元全是現金資產。開始經營後，張三會把這些錢花掉。花在哪裡呢？張三可能主要花在三個地方：固定資產、存貨和應收帳款。

固定資產，指的是投資建的廠房、買的辦公設備等。存貨，指的是公司從上游進的原材料，以及加工完未銷售的成品。而應收帳款是什麼？是公司應該收回卻沒有收回的款項。比如，公司給客戶發了貨，但是客戶說：「貨我先收著，我看看東西有沒有問題。如果沒有問題，錢，我一個月後轉給你。」這筆錢就屬於應收帳款。

除此之外，可能還會有沒花完的錢，這些錢以現金的形式存在帳上。

於是，張三公司的資產就展開成了一個加法公式：

資產＝現金＋存貨＋應收帳款＋固定資產

在經營過程中，張三慢慢發現，這四個展開項中，有兩個循環：

一是增值循環。張三把現金變為存貨，把存貨變為應收帳款，把應收帳款變回現金，這個循環是增值循環。他發現，自己的創業公司之所以能賺錢，正是因為這個循環的存在。

二是貶值循環。張三購入的固定資產在不斷地貶值，但在貶值的同時，它又不斷推動著增值循環的轉動。

張三突然明白，所謂經營，就是有策略地把資產分配在現金、存貨、應收帳款、固定資產這四個展開項上，讓它們彼此之間進行最有效的配合，使增值循環遠遠大於貶值循環，從而賺錢。差值越大，循環越快，越賺錢。

張三醍醐灌頂，開始不斷地推動自己的「雙循環」，終於有一天，「雙循環」的差值為正了。他大喜過望，迅速加大投入，

以放大收益，然後再加大，繼續加大……很快，錢不夠了。

怎麼辦？繼續借。可是，找誰借呢？

張三把折疊版資產負債表裡的「負債」這一項展開，發現裡面其實包括三項：預收帳款、應付帳款和借款。

預收帳款指的是公司還沒有交付產品或服務就先向下游客戶預收的款。從財務上看，預收帳款的本質是向客戶「借款」。理髮店、健身房的會員卡都屬於此類。

應付帳款指的是公司拿了上游供應鏈的貨，說先寫個借據，以後再付。從財務上看，應付帳款的本質是向供應商「借款」。給帳期、寫借據、開商業承兌匯票都屬於此類。

借款就是向親戚朋友以及銀行等金融機構借錢。各種抵押貸款、保理業務都屬於此類。

於是，張三公司的負債也展開為一個加法公式：

向客戶借　　向供應商借　　向銀行等借
┊　　　　　┊　　　　　┊
$$負債＝預收帳款＋\ 應付帳款\ ＋\ 借款$$

原來，資產負債表裡的「負債」這個大項也是可以展開的，上游（應付款項）、下游（預收款項）、銀行等（借款）都能借錢。當然，向它們借錢，也是要付出代價的：上游要訂單，下游

要折扣，銀行等要利息。

　於是，張三把能借的錢都借了一圈，公司發展蒸蒸日上。但是，很快錢又不夠了。借錢的速度跟不上花錢的速度，但這一階段，擴大規模又非常重要，怎麼辦？

　那就試著展開資產負債表裡的「股東權益」吧。股東權益展開後，還是一個加法公式：

股東權益＝自己權益＋投資人權益

　公式中，「自己」就是張三。雖然張三出了錢，但主要身分是創業者，是出力的人。而投資人就是各種股權投資機構。他們可能也會給資源、出主意，但主要身分是投資人，是出錢的人。

　作為股東，投資人是要承擔經營風險的。正因為承擔了風險，所以投資人對回報的要求更高 —— 他們要的不是本金的利息，而是公司的利潤。

　拿不拿投資人的投資呢？

　張三想了想，雖然要切一塊給別人，但只要把「餅」做大，自己留下的部分還是要比以前多得多。於是，張三決定接受投資。隨即，他把所有的負債和股東權益全部投入到均衡的資產分配裡，不斷推動「雙循環」，把公司越做越大，越做越賺錢。最後，債主、投資人還有張三自己，都獲得了各自應得的收益。張

三終於給老婆、孩子換了大房子。

張三的故事講完了。

現在你明白什麼是資產負債表了嗎？用數學邏輯裡的加法來理解資產負債表，其實非常簡單。資產負債表，有折疊版和展開版。

折疊版的資產負債表是一個三項的加法公式：

資產＝負債＋股東權益

展開版的資產負債表也是一個加法公式，但是有九項：

資產（現金＋存貨＋應收帳款＋固定資產）＝負債（預收帳款＋應付帳款＋借款）＋股東權益（自己權益＋投資人權益）

而所謂經營，就是把折疊版資產負債表有策略地展開，如圖2-2所示。

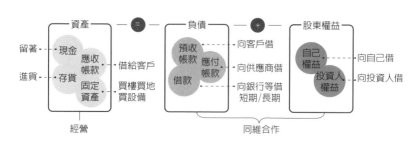

圖2-2　展開版資產負債表

　　這就是資產負債表背後的數學邏輯。

　　以後再遇到資產負債表，你知道怎麼看了嗎？先看看你向3個債主借了多少錢，再看看你向2個股東融了多少錢，再看看這些錢在4個資產籃子裡的分配策略是否高效。

　　是不是很好理解，而且有趣？

　　那麼，損益表呢？

　　要看懂損益表，就要用到數學邏輯裡的減法了。

減法：損益表

　　常見的損益表如表2-2所示。

表2-2　××公司損益表（示例）（單位：元）

項目	2019年半年度	2018年半年度
一、營業總收入	22873881060.49	22443649645.38
其中：營業收入	22873881060.49	22443649645.38
利息收入		
已賺保費		
手續費及傭金收入		
減：營業成本	17734794983.26	17606313906.06
利息支出		
手續費及傭金支出		
退保金		
賠付支出淨額		
提取保險責任準備金淨額		
保單紅利支出		
分保費用		
稅金及附加	104903609.26	123886778.10
銷售費用	1740856172.29	1581449021.58
管理費用	367975946.52	340854486.67
研發費用	1821786839.80	1581245111.34
財務費用	77263090.28	114102744.78
其中：利息費用	97411628.57	68855762.82

利息收入	75005073.35	45231406.80
加：其他收益	525246713.95	446135106.42
投資收益	3130494.54	67390186.91
其中：對聯營企業和合營企業的投資收益	-4604306.97	-7850945.51
以攤餘成本計量的金融資產終止確認收益		
匯兌收益		
淨敞口套期收益		
公允價值變動收益	108343858.24	27670977.31
信用減值損失	-6880287.37	
資產減值損失	-18737625.89	-169373379.08
資產處置收益	639146.68	71.46
二、營業利益	1638042719.23	1467620559.87
加：營業外收入	29204855.65	17448897.97
減：營業外支出	6175797.91	503505.87
三、稅前淨利	1661071776.97	1484565951.97
減：所得稅費用	254169238.45	193407237.84
四、稅後淨利	1406902538.52	1291158714.13

這張損益表是不是看起來也挺讓人頭暈的？

如果你理解了這張損益表背後的數學邏輯，也許就不會頭暈了。

我還是先和大家講個故事。

看到張三創業成功，李四心癢難耐，也決定創業。他設計了一款掃地機器人，然後開模，進各種原材料（晶片、塑膠、鋁材等），找代工廠生產。經過計算，製造這款掃地機器人的直接成本為平均每台1500元。那賣多少錢一台呢？結合競爭對手的定價策略，李四給這款掃地機器人的定價是每台2000元[10]。

請問：李四公司每台掃地機器人的利潤是多少呢？

在這個案例中，每台掃地機器人的毛利是：2000元（收入）－1500元（直接成本）＝500元（毛利）。這裡面有個減法公式：

收入－直接成本＝毛利

為什麼是毛利？因為還沒有減去辦公室租賃費、管理層工資、銀行利息、稅費等各項費用。把這些「間接費用」扣掉後，才能得到淨利。扣掉間接費用之前的利潤都叫毛利，即毛估的利潤。李四公司每台掃地機器人的毛利為500元。

10　本書若無特別提及幣值均為人民幣。

「收入－直接成本＝毛利」是一個減法公式，因此，直接成本和毛利是同維競爭關係，直接成本會「想盡一切辦法」，壯大自己，打壓毛利，如圖2-3所示。

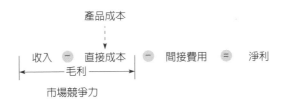

圖2-3　直接成本與毛利是同維競爭關係

2020年，新冠肺炎疫情突然來襲。經過一系列連鎖反應後，晶片價格大漲。晶片是掃地機器人的核心零件，因此，每台掃地機器人的直接成本隨之上漲，從1500元飆升到1900元。李四公司每台掃地機器人的毛利下降到微薄的100元，毛利率只有5%。

這麼微薄的毛利，連付租金都不夠，怎麼辦？

李四想漲價。他先進行了一輪小規模測試，誰知道，剛一漲價，客戶就立刻去買競爭對手的產品了，李四公司的銷量出現斷崖式下跌。李四趕緊叫停測試。然後，他去找供應商：「你的晶片給某大廠沒有漲價，為什麼要給我漲價啊？現在我要活不下去了，你給我便宜點吧。」供應商說：「大廠我得罪不起，為了長期合作，咬著牙虧本為他們供貨。但是你的量小，我真不能便宜

了。」

收入上不去（由市場決定），直接成本也下不去（由供應商決定），李四發現，自己能賺多少錢，完全不由自己決定，只能隨「風」飄蕩。一旦遇到市場波動，就會舉步維艱。原來，自己的公司不是一家有「根」、有市場競爭力的公司。

什麼是有市場競爭力的公司？就是你的產品漲價了，消費者還是會買；你要求供應商降價，他們不得不從；你的毛利比同行高。

所以，看損益表的第一個核心目的是看毛利（率）。如果你的毛利（率）低於同行，而這不是你有意為之的短期戰術、長期戰略，你就要萬分警惕了，要反思：是品牌價值不夠嗎？是產品品質不行嗎？是成本控制不力嗎？

你要想盡一切辦法提高毛利（率），提高毛利（率）就是提高市場競爭力。有了市場競爭力，你才會有這樣的底氣：「我就是賣得比你們貴，我就是比你們賺錢。」

李四頭懸樑，錐刺股，鞠躬盡瘁，沒日沒夜地研發，終於研發出一款極具市場競爭力的產品，並且申請了專利。這款產品的直接成本同樣是1900元，但他把售價定為3800元，毛利率高達50％。儘管如此，這款產品依然銷售火爆，一機難求。

李四非常高興：這下子終於賺錢了，終於可以和張三炫耀去

了。

　　但是，到了年底，一查帳，李四發現，公司依然幾乎沒有利潤。他把財務叫過來，問這是怎麼回事。財務說：「過去一年，我們在辦公室裝修上花了好多錢，在差旅上花了好多錢，我們雇用了大量總監、副總裁、高級副總裁、常務高級副總裁。把這些間接費用從毛利裡扣掉後，就不剩什麼淨利了。」

　　這裡面有第二個減法公式：

毛利－間接費用＝淨利

　　在這個公式裡，淨利和間接費用是同維競爭關係。間接費用「想盡一切辦法」，壯大自己，打壓淨利，如圖2-4所示。

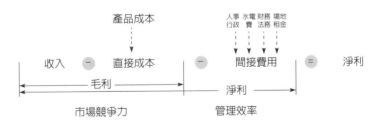

圖2-4　淨利和間接費用是同維競爭關係

　　李四終於意識到，自己犯了所有創業者都可能犯的錯誤：只注重排場，不講求效率，花錢如流水。

那怎麼辦呢？

只有一個辦法：提高管理效率。李四痛定思痛，把40個副總裁削減到4個，把每個員工一間的豪華辦公室換成開放式辦公室，並且大力推廣網路會議，嚴格限制異地出差，還設立流程優化中心，不斷削減各種不必要的開支。

終於，在公司毛利率50%的情況下，實現淨利率達到35%。李四創業大獲成功。

李四的故事講完了。

現在你明白什麼是損益表了嗎？用數學邏輯裡的減法來理解損益表，的確非常簡單。損益表其實包括兩個部分：

收入－直接成本＝毛利

毛利－間接費用＝淨利

所謂有市場競爭力，就是毛利高；所謂管理有效率，就是淨利高。

我們把兩個減法公式合併，就是：

收入－直接成本－間接費用＝淨利

這就是損益表背後的數學邏輯。

以後再遇到損益表，你知道怎麼看了嗎？先看看毛利（率）

是多少，判斷自己的市場競爭力水準，再看看淨利（率）是多少，判斷自己的管理效率水準。

原來加法和減法，這麼有用、有趣。那乘法對分析公司的財務報表，也這麼有用嗎？

當然。不是「有用」，而是「非常有用」。

乘法：淨資產收益率

講數學邏輯裡的乘法之前，我們先看一個重要的財務概念：淨資產收益率（Return On Equity，ROE）。

1988年前後，巴菲特重倉[11]買入約10億美元的可口可樂股票，1994年又增持約13億美元。可口可樂當然是好公司，但是進行這麼大筆的投資，巴菲特的決策依據是什麼？

巴菲特的決策依據就是淨資產收益率。這個指標是巴菲特投資時最看重的一個指標，他稱之為「全能指標」。

往前看10年，從1978到1988年，可口可樂公司的淨資產收益率基本保持在20%以上，而且在這10年間呈基本穩定的增長態勢。於是，巴菲特決定大舉買進。

果然，之後的10年，巴菲特從可口可樂公司賺了120億美元。

11　編注：投入的資金占總資金的比例最大。

那麼，到底什麼是淨資產收益率？它為什麼這麼有用？

我們可以用一個公式來表示：

$$淨資產收益率＝\frac{淨利潤}{淨資產}×100\%$$

我舉個例子。王五創業，開了一家藝術品公司。他自己投到這家公司的錢，加上張三、李四投資的，一共是1億元。這1億元就是王五公司的淨資產。王五還向銀行借了1億元，公司的總資產由此變成了2億元，1億元是股東的，1億元是借來的。

王五用這2億元苦心經營公司，市場競爭力、管理效率都越來越高。去年，公司賺了2000萬元淨利潤。

那麼，這家公司的淨資產收益率是多少呢？是2000萬元/2億元×100%＝10%嗎？不。淨資產收益率是：2000萬元/1億元×100%＝20%。

從銀行借來的1億元，是「便宜」的錢，付利息就好了。淨利潤2000萬元，已經扣除利息了，這些錢完全屬於股東。對股東來說，投1億元，一年能真金白銀地賺2000萬元，這比存銀行划算太多了。大家很高興，就把這筆錢分了。如果第二年利潤增長到3000萬元呢？那淨資產收益率就變成了30%。王五真是太能賺錢了，於是，越來越多的投資人追著給王五投錢，王五的公司因

此變得非常值錢。

王五做夢都想自己的公司值錢。他知道值錢的祕密就是分析並且提高自己公司的淨資產收益率。

可是，怎麼分析呢？

杜邦公司說：「我有個大膽的想法。」傳統的淨資產收益率公式是這樣的：

$$淨資產收益率 = \frac{淨利潤}{淨資產} \times 100\%$$

但如果用數學邏輯裡的乘法對它做個變換，在等式的分子、分母上同時乘以銷售收入，再同時乘以總資產，就會得到一個全新的公式：

$$淨資產收益率 = \frac{淨利潤}{銷售收入} \times \frac{銷售收入}{總資產} \times \frac{總資產}{淨資產} \times 100\%$$

這個全新的公式和原來的公式完全等價，但是產生了三個具有重大意義的指標，分別是銷售淨利率（淨利潤/銷售收入）、資產周轉率（銷售收入/總資產）、權益乘數（總資產/淨資產）。

乘法公式中的各個要素是異維合作的關係，每個指標對整體結果都是「等比」的貢獻。銷售淨利率提升20%（另兩個指標不

變），淨資產收益率就能提升20%；資產周轉率提升1倍，淨資產收益率也會提升1倍；權益乘數再提升50%，淨資產收益率還能提升50%。

這就是乘法的魅力。

這讓王五大喜過望：「太好了。我只需要讓團隊分別專注於這三個指標就好了。」乘法會自動地幫助他們協作，彼此加持。

那怎麼提高銷售淨利率呢？提升「能力」。

你用80元的總成本（包括直接成本和間接費用），做出價值100元的產品，那麼，你的銷售淨利率就是20%。

但是，如果你能用80元的總成本（包括直接成本和間接費用），做出價值200元的產品，那你的銷售淨利率就是60%。

20%的銷售淨利率和60%的銷售淨利率之間的差異，就是能力的差異。

靠能力賺錢的典型公司是蘋果和華為，這樣的公司有底氣說：「我的產品就是好，就是賣得貴，就是能賺錢。」

於是，王五重金雇用了業內最好的產品經理，還買了很多專利技術，把產品打磨到極度稀缺，以提高銷售淨利率。

那怎麼提高資產周轉率呢？提升「速度」。

一個藝術馬克杯，成本為80元，賣100元。由於銷售團隊沒有管理好庫存和管道，用了一年這個杯子才賣出去。這一年，你

只賺了20元。

同一個藝術馬克杯，成本也是80元，也賣100元，由另一個銷售團隊負責銷售，由於庫存管理好、管道特別通暢，僅用了一個月就賣掉了。收回錢之後，產品團隊又做了一個藝術馬克杯，又用一個月賣掉了。結果，這樣的藝術馬克杯一年賣了12次。那麼，一共賺了多少錢呢？20元×12＝240元。

同樣的馬克杯，資產周轉率慢，一年只賺20元。資產周轉率快，一年能賺240元。這中間的差異，就是速度。

靠速度賺錢的典型公司是著名連鎖大賣場Costco（好市多）。零售業的平均庫存周轉率是40~60天，但是Costco硬生生將其縮短為29.5天。一種商品，其他超市一年賣6次，它一年能賣12次，所以它更賺錢。天下武功，唯快不破。

於是，王五把資產周轉率加入銷售副總裁的考核指標裡，並要求整個團隊提效、提效、提效，以提高資產周轉率。

那怎麼提高權益乘數呢？提升「風險」。

我有1億元，然後借1億元，我用2億元周轉，我的權益乘數就是2。

我有1億元，然後借9億元，我用10億元周轉，我的權益乘數就是10。

王五想：我用2億元周轉，還完利息，淨利能有2000萬元，

那我用10億元周轉，用同樣的能力和速度來運作，還完利息後的淨利不就有可能達到1億元了嗎？我自己掏的錢只有1億元，用1億元賺1億元，我的淨資產收益率不就達到100%了嗎？

權益乘數放大了賺錢能力。同樣，如果你虧錢，權益乘數也會放大你的虧錢能力。

靠風險賺錢的典型公司是房地產公司。拍賣買下地，拿去銀行抵押，借到第一筆錢。開發到一定階段，然後預售，又拿到一筆錢。不斷加，以小博大。這為房地產公司帶來了收益，但也帶來了風險。

左思右想後，王五把權益乘數從2提到了3，稍微加一點槓桿[12]。因為風險加大，他決定自己抓。

能力、速度、風險，王五在這三個乘法單元上分別加注。第二年，他獲得了比第一年更大的盈利。

那麼你呢？

你是打算靠能力賺錢，靠速度賺錢，靠風險賺錢，還是用乘法讓這三者相互加持，一起發力？

這就是杜邦分析法（DuPont Analysis）。杜邦分析法一點都不難，只要你掌握了一定的數學語言，就能理解：從本質上來

12　編注：「槓桿」是指「花一點錢，就能享受或投資原本需要更多錢才能達到的目的」。源自於「槓桿原理」。

說，杜邦分析法是運用乘法法則把一個宏觀的大問題拆成三個可操作性很強的微觀小問題，然後逐個擊破。只要你懂得這一點，就抓到了杜邦分析法的精髓。

學會用數學語言，學會用乘法法則，你看很多分析工具都會覺得原來如此有趣，而且有用。

那麼，除法呢？

除法：營運能力、償債能力與盈利能力

除法是用來給企業做「體檢」的重要辦法。

還記得展開版的資產負債表嗎？

我們說過，看資產負債表就是先看看你向3個債主借了多少錢，再看看你向2個股東融了多少錢，再看看這些錢在4個資產籃子裡的分配策略是否高效。

但是，怎麼看？如何給公司做「體檢」，看分配策略是否高效呢？

這時，你就需要數學邏輯裡的除法了。除法表示具有異維競爭特性，非常適合用於給企業做「體檢」。

一家公司的能力可以簡單分為三種：營運能力、償債能力和盈利能力。這三種能力分別對應資產負債表裡的資產、負債和股東權益。如圖2-5所示。

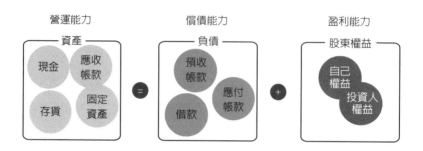

圖2-5　公司三種能力與資產負債表的對應關係

1.營運能力

營運能力是公司有效運作資產的能力。存貨周轉得快不快，客戶欠款多不多，資金流轉是否高效，顯現的都是公司的營運能力。

怎麼衡量營運能力呢？

這時，我們需要找到兩個高度相關但維度不同的指標，讓它們進行「異維競爭」。

比如，衡量存貨周轉得快不快，可以從財務報表裡找出兩個指標來，讓它們之間「競爭」。第一個指標，我們可以選存貨平均餘額，這個指標很重要，表示公司倉庫裡的貨占用了多少資金。第二個指標，我們可以選銷售成本（不算利潤的貨值）。我們一定要讓銷售成本遠遠戰勝存貨平均餘額。

於是，我們定義一個公式：

存貨周轉次數＝銷售成本/存貨平均餘額

假設我的倉庫裡常年有50萬元價值的庫存，我一年賣出去不含利潤的貨值200萬元，那麼，我的庫存周轉次數就是200萬元/50萬元＝4。

4次這個水準怎麼樣？如果只是行業平均水準，那不行。我們要加把勁，一定要讓銷售成本「戰勝」存貨平均餘額的能力達到5倍，甚至6倍！這才能顯現我們出色的營運能力。

對營運能力的衡量，我們可以透過以下幾對指標的「競爭」來進行：

存貨周轉次數＝銷售成本/存貨平均餘額

應收帳款周轉次數＝銷售收入/應收帳款平均餘額

流動資產周轉次數＝銷售收入/流動資產平均餘額

總資產周轉次數＝銷售收入/總資產平均餘額

對於這些「競爭對手」，我就不一一解釋了。你可以思考一下為什麼這些除法公式對營運能力很重要。

2.償債能力

償債能力就是有一天債主突然要你還錢，你能不能償還的能力。

什麼是債務？預收帳款、應付帳款、借款都是債務。因為這些債務都是隨時產生、隨時歸還的，所以我們將其統稱為「流動負債」。

那我們能拿什麼去還流動負債呢？

拿現金、應收帳款、存貨。從左到右，難度越來越大。

用現金還債是最直接、最簡單的。用應收帳款還債，可以把憑證拿到保理機構[13]打折變現，然後還債，比用現金還債麻煩一些。用存貨還債是最難的，因為找到正好需要且正好有現金的人很難。但如果真的著急了，跳樓價大拍賣，存貨也是能換些錢的。

如果現金就夠還債了，說明公司的「現金比率」很高。用除法公式表示是：

$$現金比率＝現金/流動負債$$

如果要抵押應收帳款才能還債，說明公司的「速動比率」不

13　編注：保付代理，又稱承購應收帳款、托收保付、應收帳款保理，指企業將應收帳款按一定折扣賣給第三方（保理機構），獲得相應的融資款，以利於現金的儘快取得。（取自維基百科）

錯。用除法公式表示是：

速動比率＝（現金＋應收帳款）/流動負債

如果必須甩賣存貨才能還債，說明公司的「流動比率」夠用。用除法公式表示是：

流動比率＝（現金＋應收帳款＋存貨）/流動負債

請問，在償債時，你是打算用現金「打敗」所有流動負債呢？還是讓現金、應收帳款、存貨一起上，「打群架」呢？這顯現了公司償債能力的不同。

償債能力至少包括以下幾對「競爭對手」。

短期償債能力：

現金比率＝現金類資產/流動負債

速動比率＝速動資產/流動負債

流動比率＝流動資產/流動負債

長期償債能力：

$$資產負債率＝總負債額/資產總額$$

$$利息保障倍數＝（稅前利潤＋利息支出）/利息支出$$

$$權益乘數＝資產/所有者權益$$

3.盈利能力

盈利能力就是股東出1元錢，公司一年能幫他掙多少錢。這也是用除法。

淨資產收益率是衡量盈利能力的「全能公式」。我們可以從以下幾個角度衡量一家公司的盈利能力，比如：

$$淨資產收益率＝淨利潤/淨資產平均餘額$$

$$總資產收益率＝淨利潤/總資產平均餘額$$

$$每股收益＝淨利潤/股數$$

$$本益比^{14}＝每股市價/每股收益$$

加減乘除，如此簡單的數學邏輯，用在觀察和分析一家公司的經營情況上竟然如同透視一樣。這就是數學的魅力。

為了讓你更易於理解，我們用一張圖來展示用加減乘除分析財務報表的全過程，如圖2-6所示。

14　編注：Price-to-Earning Ratio，簡稱為P/E 或PER。

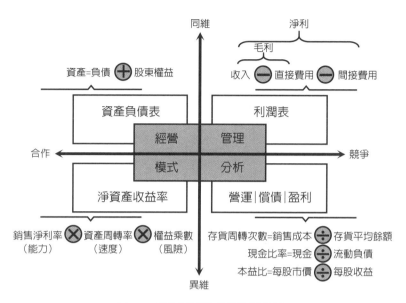

圖2-6　用加減乘除分析財務報表

結語：

　　現在我們來總結一下，要想實現數位化，首先要建立對數字的敏感度。

　　我們在創業過程中，每天都面臨大量的數字，如客戶的購買數量、產品的銷量、暢銷的款式數量、App下載量、日活用戶、私域的轉介紹數量、內容點讚次數等。這些數字裡面蘊含著巨大的寶藏。

　　而挖掘這些寶藏最基本的工具就是加減乘除。正如俗話所說，「學霸兩支筆，差生文具多」。你不需要太多炫目的數位化工具，在很多情況下，加減乘除就夠用了。你需要的是練好基本功。

　　這一章，我和你一起重新理解了數字和基於數字的加減乘除對商業世界的意義，並用財務報表進行了一輪實戰。

　　下一章，我們將從小學數學進入中學數學領域，聊一聊解析幾何對商業的重大意義。

第 **3** 章

笛卡兒座標系
思考維度越多，理解商業越深

　　17世紀的一天，勒內先生臥病在床。像勒內這樣的人，在家是閒不住的。他躺在床上，還是一直琢磨著工作上的事。

　　我特別理解他。

　　寫下這段話的時候，是勒內離世370多年後的某一天，也是我因為新冠肺炎疫情居家辦公的第三周。之前落下的工作都處理完了，該交代同事的事都交代完了，以前答應別人的電話也都打完了……可是還不能去辦公室上班，怎麼辦？我琢磨著把以前的一些思考寫下來，於是，就有了這本書。

　　但是，勒內琢磨的事比我大多了。

　　他琢磨的事情是：幾何很直觀，代數很抽象，我能不能用幾何的方式來描述代數？我能不能用「點」來表示「數」，用「線條」來表示「計算」呢？

　　突然，他看到屋頂上有一隻蜘蛛，拉著絲垂了下來，過了一會兒，蜘蛛又爬上去，左右拉絲。蜘蛛的移動有時是上下方向的，有時是前後方向的，有時是左右方向的。

　　勒內先生彷彿被閃電擊中一般恍然大悟：如果以牆角為原點，並且把蜘蛛看作一個點，那麼，它在這個立體空間中運動的每一個位置，都可以用從牆角這個起點出發做的一系列上下、前後、左右運動的距離來表示。把這三個方向的運動距離記錄下來，不就可以準確地描述「數」，描繪蜘蛛所在的「點」了嗎？

比如，蜘蛛向右運動了7個單位，向前運動了4個單位，向上運動了3個單位，那麼，蜘蛛的位置就是相對於牆角的（7，4，3）這個位置，如圖3-1所示。

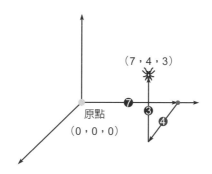

圖3-1　蜘蛛的位置可以用座標系來表示

於是，躺在床上的勒內創建了我們沿用至今的「直角座標系」（又稱笛卡兒座標系），並創造了用代數方法來研究幾何問題的數學分支——解析幾何。

這位勒內先生的全名是勒內・笛卡兒（René Descartes）。是的，就是那個說「我思故我在」的著名法國哲學家、數學家、物理學家笛卡兒。

說些題外話。

閉關在家，敏銳的觀察力不僅激發了笛卡兒的靈感，還激發了牛頓、莎士比亞、達文西的創造力。

　　1665年，英國倫敦爆發鼠疫，這場流行性大瘟疫最終造成四分之一的英國人死亡。牛頓就讀的劍橋大學三一學院也因此被關閉，22歲的他回到家鄉伍爾索普莊園「閉關」。

　　生活在17世紀的牛頓，沒有手機，沒有網路，他憋在家裡，能幹什麼呢？他發展了現代微積分，他醞釀著萬有引力定律，他研究著白光透過三稜鏡產生的七彩變化。兩年之後，牛頓回到劍橋大學，發表了大量論文，只用了半年就成為三一學院院士，兩年後又成為教授。之後，他正式提出了著名的萬有引力定律。

　　而莎士比亞更慘，他一生經歷過很多瘟疫。他所在的倫敦環球劇場，一遇到瘟疫就被關閉。據記載，這個劇場60%的時間是無法演出的。這段時間，莎士比亞就用來潛心創作。《李爾王》《馬克白》與《安東尼與克麗奧佩特拉》這三大悲劇，據說都是在這期間完成的。

　　15世紀的義大利也曾鼠疫氾濫，米蘭城三分之一的人口都死於這場瘟疫。當時，達文西正在為大公爵盧多維科・斯福爾扎做事，他看著米蘭城在瘟疫肆虐下的慘狀，開始構想統合地下水道與運河、城市往高處垂直發展、開闢行人專用道等城市規劃，並創作了大量手繪圖。這些手繪圖給後人帶來了巨大的啟發，從400年後巴黎的城市建設中就能看到達文西手繪稿的影子。

　　所以，還是史蒂芬・柯維（Stephen Covey）說得好，「把注

意力放在那些你能影響的事情上」。

扯遠了。回到笛卡兒，回到直角座標系，回到解析幾何。

那麼，解析幾何對我們理解商業世界、對創業有什麼幫助呢？

幫助很大。

升維思考，讓複雜的商業難題迎刃而解

笛卡兒座標系（直角座標系）到底了不起在哪裡？了不起在它創建了一個重要的思維工具——維度。

有了前後、左右、上下三個維度後，我們混沌的思考就能被結構化地拆分為三個方向，分別進行研究，然後再疊加起來深度思考。我將這個過程稱為「升維思考」。

我舉個例子。

該招態度好的還是能力強的員工

總有人問我這樣一個問題：「潤總，我應該招什麼樣的員工？態度好的還是能力強的？」

這個問題很難回答。笛卡兒時代之前，人們總是把高維問題降到一維後再提問，這個問題用的就是這樣的問法。

我用一張圖來表示，如圖3-2所示。

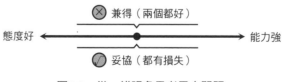

圖3-2　從一維視角思考用人問題

　　一維就是一條直線，假設這條線的左端是「態度好」，右端是「能力強」，那麼認為要嘛左，要嘛右，不可兼得，這就是一維視角。

　　有人會說：不對吧？這條線的中間，不就表示「兼得」嗎？

　　不是，中間不是表示「兼得」，而是「妥協」，是用能力差一點換態度好一點，兩方面都有損失，但都「不太壞」。

　　但是，你是否想過：態度和能力是一個維度上的嗎？態度本身就是一個維度，這個維度的一端是「態度好」，另一端是「態度差」；而能力是另外一個維度，這個維度的一端是「能力強」，另一端是「能力弱」。

　　態度和能力是不應該放在一條線上「二選一」的，它們是兩個維度。

　　如果笛卡兒聽到這個問題，他可能會畫一個二維直角座標系，教你從二維視角來思考問題，如圖3-3所示。

　　這個二維直角座標系用橫軸（能力）和縱軸（態度），把可選的員工分成了四個象限。

　　◇ 第一象限：明星。能力強，態度也好。

　　◇ 第二象限：小白兔。能力弱，但態度好。

　　◇ 第三象限：土狗。能力弱，態度也差。

　　◇ 第四象限：野狗。能力強，但態度差。

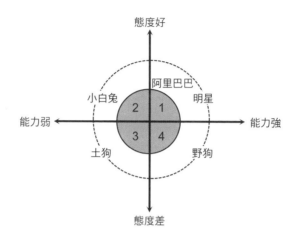

圖3-3　從二維視角思考用人問題

　　如果你能像笛卡兒一樣升維思考，就會發現，原來這個世界上不僅有能力強、態度差的「野狗」和態度好、能力弱的「小白兔」，還有兩者都好的「明星」，以及兩者都不行的「土狗」。

　　「明星」「小白兔」「土狗」「野狗」是阿里巴巴的員工分類，這是一種典型的二維視角。當你升級到二維視角，你就可以像阿里巴巴一樣思考了。

　　其實，不僅阿里巴巴，很多優秀的企業以及企業家在看問題時用的都至少是二維視角，比如蒙牛創始人牛根生。牛根生在央視節目《贏在中國》中講過這麼一段話：「有德有才，破格重

用；有德無才，培養使用；有才無德，限制錄用；無才無德，堅決不用。」

你看，把一維的問題升級到二維來思考，還原更多場景，就能得出非常有針對性的策略。

阿里巴巴將人才做了分類，牛根生指出了分類人才的任用原則，這兩個策略可以放到一張圖裡，如圖3-4所示。

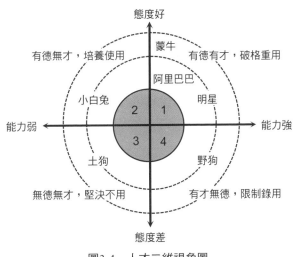

圖3-4　人才二維視角圖

這張「人才二維視角圖」可解決大部分人才的選育用留問題，笛卡兒看了估計都會點讚。

但是，我們還需要再認真思考一下。牛根生說「有德無才，

培養使用」，為什麼有德無才的人（即阿里巴巴人才分類法中的
「小白兔」）要培養使用呢？「小白兔」值得培養嗎？是想把
「小白兔」的能力培養好，使其成為「明星」嗎？如果是這樣，
為什麼「野狗」不能培養使用呢？把「野狗」的態度調整過來，
「野狗」是不是也能培養成「明星」？

這時，我們需要繼續升維思考，在態度、能力兩個維度的基
礎上引入第三個維度」──可塑性，如圖3-5所示。

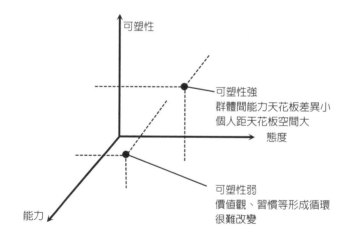

圖3-5　從三維視角思考用人問題

　　在招募人才時，我們都想招到「明星」，但這樣的員工畢竟是稀缺的。我們遇到最多的是「土狗」，其次是「小白兔」，然後是「野狗」。「明星」大部分在大廠的關鍵崗位上，「挖」不動。

　　那怎麼辦？

　　把「土狗」「小白兔」「野狗」都培養成「明星」，可能才是可行之路。那麼，哪一種員工更容易培養？這就涉及「可塑性」這個維度了。

　　請問：對於一個人來說，是能力更可塑，還是態度更可塑？

　　當然是能力。

　　人與人之間，當下的能力水準也許是有差別的，但是「能力天花板」的差異卻不大。而且，大部分人離自己的「天花板」通常還很遠，即便是「明星」也是如此。從這個角度來說，一個人只要態度好，能力就是可塑的。

　　但是態度就不一樣了。一個人的價值觀、德行、態度是由過去幾十年的人生經歷塑造的，一旦形成循環，非常難以改變。除非遇到一些重大的人生變故，否則大部分人會一直固守自己的信仰、價值觀、習慣。與能力相比，態度的可塑性較差。

　　所以，當我們用三維視角看問題時，心中所考慮的不僅是今天的「明星」，更是未來的「明星」。一套完善的員工培養體系

就會由此建立起來，它會為公司的發展不斷「種植」明星員工，而不是「採集」。

微軟有一句話很打動我：「We hire attitudes, and train skills.」（我們招聘態度好的員工，然後培養他們的能力。）這就是用三維視角看問題後得出的人才策略。

回到最開始的問題：「潤總，我應該招什麼樣的員工？態度好的還是能力強的？」

我可以用微軟的這句話來回答他，但是，我又怕誤導他。

我怕他有一天會對我說：「潤總，你騙我，微軟其實招了很多能力強的人，招了很多學霸。」我怕他有一天會對我說：「潤總，你騙我，我招了很多態度好的人，但是他們不能『打仗』，現在公司倒閉了。」

是的。微軟之所以成功，是因為微軟在二維視角裡招了很多「明星」，同時在三維視角裡建立了強大的員工培養體系，把「小白兔」也訓練成了「明星」。

祝你能為今天招到最好的人，為明天招到最值得培養的人。

你公司的業務賺錢嗎？

如果你能用笛卡兒座標系來解析問題，那麼當再聽到如下問題時，你可能會有不一樣的感觸。

「我是找個帥的，還是找個對我好的？」

「我是要更勤奮地做事，還是更聰明地做事？」

「我是要工作，還是要生活？」

「我是要賺錢，還是要堅守原則？」

其實，這些都是把二維問題降到一維來進行討論，很難產生有意義的結論。

當你用二維視角來看，就會明白：帥和好，不必二選一。勤奮和聰明，明明可以兼得。工作和生活，一定能夠平衡。誰說要賺錢，就要犧牲原則？

不過，有些降維思考隱藏得很深，不注意的話是很難識別的。而且，這些降維思考會嚴重影響我們的創業。

比如：「你公司的業務賺錢嗎？」這個問題應該怎麼回答？

A回答：「還行吧。我們是做直播電商的，雖然競爭越來越激烈，但還算能賺到點錢。」

B回答：「賺錢？現在誰能賺到錢？！經濟不好，我一直咬著牙，不斷用前幾年的積蓄往裡貼呢。」

聽上去，A賺錢，B不賺錢。

但真是這樣嗎？

賺錢和不賺錢，看上去確實是同一個維度的問題。但是，如果考慮到大部分公司可能不止一個產品或一種業務，再考慮到時

間軸，這個問題就會變得非常複雜。

　　我們從市場份額和增長潛力這兩個維度來對是否賺錢這個問題進行升維思考。

　　把市場份額作為橫軸，增長潛力作為縱軸，這個看似一維的問題馬上就會升維成一個二維問題，如圖3-6所示。

　　我們先來解釋下圖3-6中這四個象限。

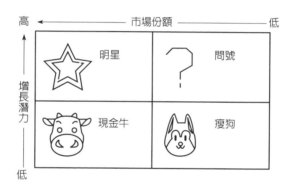

圖3-6　從二維視角看一家公司是否賺錢

◇ **現金牛（Cash Cows）**：現金牛業務是指占據很高的市場份額，但增長潛力較低的業務，比如微軟的Office產品、谷歌的搜索業務等都是現金牛業務。現金牛業務也是企業的「印鈔機」。

◇ **明星（Stars）**：光看名字你就能知道，明星業務是很有前景的

新興業務，在快速增長的市場中占據較高的市場份額，比如亞馬遜的AWS業務。剛進入雲端運算領域時，亞馬遜是不賺錢的，甚至還要進行大量的投入，但是當明星業務成為現金牛業務，亞馬遜的盈利就迎來了大爆發。

◇ **問號**（Question Marks）：問號業務指的是市場份額不高，但增長潛力較高的業務，比如谷歌的無人駕駛。這類業務之所以被稱為問號業務，是因為它們最終會成為明星業務、現金牛業務還是不幸「死」掉，沒人知道。

◇ **瘦狗**（Dogs）：瘦狗業務就是市場份額很低，也看不到什麼增長前景的業務，比如微軟的智慧手機，食之無味，棄之可惜。

現在，我們回到最開始的問題：「你公司的業務賺錢嗎？」

現在你會怎麼回答這個問題？

你可能會說：「嗯，我的一部分業務現在很賺錢，很穩定，但不增長了；一部分業務現在不怎麼賺錢，但我確定未來一定很賺錢；還有一些業務前景不明朗，我正在加緊投入；也有一些虧錢的業務，我正在考慮收縮。」

這種升維思考的方式，就是著名的「波士頓矩陣」。

波士頓諮詢（Boston Consulting）赫赫有名，對企業界有很

多貢獻,其中最重要的兩個貢獻是波士頓矩陣和經驗曲線。尤其波士頓矩陣,幫助很多創業者利用笛卡兒座標系站在更高的維度來思考、規劃自己的業務。

　　有人可能會問:「我知道自己現在的業務是現金牛業務、明星業務、問號業務或者瘦狗業務了,又能怎樣呢?」

　　理解了這四種業務,並且知道自己的業務屬於哪種業務,你就能站在高維分析,站在高維規劃,並制定「成功的順序」,如圖3-7所示。

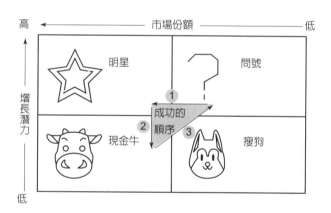

圖3-7　根據波士頓矩陣制定「成功的順序」

　　什麼是成功的順序?簡單來說,就是三個步驟。

◇ 第一步:創新(問號業務→明星業務)

創新是指在自己占據市場份額低但是市場潛力高的領域，持續增強問號業務的競爭優勢，直到市場份額不斷擴大，問號業務最終成為明星業務。

◇ **第二步：增長（明星業務→現金牛業務）**

增長是指繼續擴大明星業務的市場份額，增強業務的盈利能力，直到明星業務變成幫公司穩定賺錢的現金牛業務。

◇ **第三步：投入（現金牛業務→問號業務）**

現金牛業務賺的錢，千萬不要拿回家買房、炒股，而是要投入到下一個市場份額不高但增長潛力巨大的問號業務中，啟動下一個循環。

問號業務→明星業務→現金牛業務→問號業務，這就是成功的順序。在這個循環中，你有今天賺錢的業務（現金牛業務）、明天賺錢的業務（明星業務）和後天賺錢的業務（問號業務）。

那麼，如果後天的問號業務沒有被發展成明天的明星業務呢？

那它就變成了瘦狗業務。這時，當斷即斷，盡可能最大化它最後的收益，然後將其結束。

笛卡兒座標系不僅僅能給你二維視角、三維視角，使你理解升維思考的價值，還能幫你把商業問題轉化為「解析幾何題」，從而找到答案。

案例：升維思考，降維執行

有一次，一家做上門維修的平臺公司（連接上門維修師傅和有需求的客戶）和我探討應該如何擴大自己的業務，增加自己的盈利。

這家公司的老闆說，對於這個問題，他們已經討論過很多次了。雖然主管們不斷湧現出新想法，但他總覺得很零散。他想聽聽我的想法。

我瞭解了一下這個行業的情況後，告訴他：這個問題確實有點複雜，要找到答案，需要升維思考。思考這個問題時，一定不能只看到公司賺不賺錢這個「單一」維度，要至少看到三個維度：公司價值、員工價值、客戶價值。只有這三個價值都為正的時候，公司的商業模式才能真正成立。這三個價值可以用笛卡兒座標系來表示，如圖3-8所示。

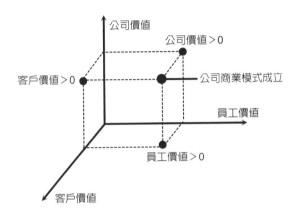

圖3-8　公司價值、員工價值與客戶價值的笛卡兒座標系

公司價值如何才能為正？只要財務上能盈利。

「財務上能盈利」這句話，翻譯成數學語言就是：

毛利>營運成本

而毛利又受什麼影響？影響毛利的變數太多了，比如工時費、配件費、配件毛利率、其他毛利、員工成本、回購率、流量成本、客戶數等，很複雜。這時，數學邏輯就起作用了。

我列了一個不等式：

$$\{〔（工時費＋配件費×毛利率）＋其他毛利－員工成本〕×$$
$$回購率－流量成本\}×客戶數>營運成本$$

只要這個不等式成立，公司價值就為正。

員工價值如何才能為正？只要不比別的地方賺得少。

「不比別的地方賺得少」這句話，翻譯成數學語言就是：

$$員工收入≥機會成本$$

什麼是機會成本？如果這個員工不做維修，而是做生產線工人、外賣小哥，他能賺多少錢？假設外賣小哥每月能賺6000元，那麼，維修師傅的機會成本就是6000元。因為他是放棄了賺6000元的機會來為你工作的，所以他在你這裡賺的，不能比6000元少。

那怎樣才能讓員工收入大於機會成本（比如6000元）呢？影響員工收入的變數有哪些？有很多，比如工時費、工時費中員工能分的比例、配件利潤、配件利潤中員工能分的比例、月單數等。

我又列了一個不等式：

$$（工時費×工時費提成比例＋配件利潤×$$
$$配件利潤提成比例）×月單數≥機會成本$$

只要這個不等式成立，員工價值就為正。

客戶價值如何才能為正？只要維修比重新購買來得值。

「比重新購買來得值」這句話，翻譯成數學語言就是：

維修價值>新購價值

影響維修價值的變數也有很多，比如，客戶會問：是不是維修的錢和買新機的錢很接近？是不是什麼配件都沒換，只是搗鼓了幾下就收了我很多錢？你們是不是比其他維修公司更便宜？這些問題都有可能使其做出不維修的決定。

這次，我給他列了一組不等式：

$$工時費＋配件費<對手總價×70\%$$
$$工時費＋配件費<產品單價×30\%$$
$$工時費<配件費×50\%$$

其中，第一個不等式是要顯現你相對於競爭對手的優勢；第二個不等式是要顯現維修相對於新購的優勢；第三個不等式是要解決用戶根深蒂固的不願意為服務買單的心理帳戶[15]問題。

15　心理帳戶（Mental Accounting）是行為經濟學中的一個重要概念。簡單來說，就是每個人心裡都會有幾個小帳本，什麼錢應該花在哪裡，分得清清楚楚。由於消費者心理帳戶的存在，個體在做決策時往往會違背一些簡單的經濟運演算法則，從而做出很多非理性的消費行為。

現在，把這三組不等式放在一起，公司價值為正，員工價值為正，客戶價值為正，一個商業問題就變成了一道「解析幾何題」。

公司：

$$\{〔（工時費＋配件費×毛利率）＋其他毛利－員工成本〕×$$
$$回購率－流量成本\}×客戶數>營運成本$$

員工：

$$（工時費×工時費提成比例＋配件利潤×$$
$$配件利潤提成比例）×月單數≥機會成本$$

客戶：

$$工時費＋配件費<對手總價×70\%$$
$$工時費＋配件費<產品單價×30\%$$
$$工時費<配件費×50\%$$

這組不等式，怎麼解呢？簡單來說，就是讓該大的大，該小的小，比如工時費該大，配件費該大，員工成本該小，等等。但是，工時費大了，會影響「客戶價值」；員工成本小了，會影響「員工價值」。

沒關係，我們可以先把該大和該小的各要素標示出來，向上的箭頭表示「該大」，向下的箭頭表示「該小」。

公司：

{〔（工時費↑＋配件費↑×毛利率↑）＋其他毛利↑－員工成本↓〕×回購率↑－流量成本↓}×客戶數↑>營運成本↓

接下來就簡單了，大家坐下來討論該怎麼大、該怎麼小。如果把前面的抽象過程叫「升維思考」，那下面的還原過程可以叫「降維執行」——降到每一個單一維度上，討論如何執行，如表3-1所示。

表3-1　上門維修平臺公司的降維執行（示例）

工時費	改變心理帳戶？拆分上門費？手機？大家電？快修？誰是你的客戶？高淨值人群（誰花錢）？辦公室維修（省什麼）？
配件費	空調？地暖？
毛利率	智慧家電？手機換螢幕？
其他毛利	換新購？手機貼膜？淨水器配件？其他耗材？
員工成本	提高修理單位時間效率？社區維修？
回購率	「快剪」模式？加微信好友？貼售後貼紙？全家安全檢測？
流量成本	TikTok？品牌商保固期內如何引流？品牌商保固期外如何引流？
客戶數	裂變？多發洗空調券？維修好發社群？
營運成本	實現規模化營運？

以工時費為例，如何提高工時費？

改變心理帳戶？現在不少人願意在寵物（貓、狗）身上花的錢比願意在自己身上花的都多，寵物去醫院打個針都要3000元。那麼，這家公司開發一些維修寵物傢俱、寵物用品的業務，工時費或許就可以提高一些。

修一些貴的東西？5000元的空調收500元維修費，是可以接受的，但是100元的煮蛋器收500元維修費，就是「搶錢」了（不滿足「工時費＋配件費<產品單價×30%」這個不等式）。

針對年輕人？修電鍋、冰箱，通常是父母在家接待，而修手機，客戶通常都是年輕人，他們更願意為服務付費。對這家公司來說，根據人群重新規劃服務品類，也是一條可行的道路。

主攻辦公室維修業務？家裡的數據機壞了，說三天後來修，你可能會忍一忍，但是辦公室的數據機壞了，100個人沒法幹活，你恨不得下一秒就修好，維修費再高都行。如果這家公司主攻辦公室維修業務，或許工時費也可以提高很多。

…………

透過這樣的討論，你可以找到一堆提升業績的好辦法。更重要的是，你知道這個辦法是在哪個維度對業績做出貢獻的，以及由於受到各種因素（員工、客戶等）的制約，這份貢獻的極限在哪裡。

　　你看，一旦降到單一維度來討論，大家就不會那麼聚焦了，還能想出各種創新的主意。

　　這就是理解了笛卡兒座標系之後用「解析幾何」來解決商業問題的方式。

　　不過，笛卡兒座標系對我們理解商業世界所帶來的啟發，遠遠不止如此。

▌五維思考，讓你站得更高、看得更遠

如果你能理解思考問題的維度有高低，並且不斷嘗試升維思考，你的深度思考能力一定會有質的躍升。

那麼，怎麼訓練自己的升維能力呢？

現在，我們終於可以講「五維思考」了。

遇到問題時，有的人需要很久才能想明白，還有的人始終都想不明白。而且，那些很快就能想明白的人，發現不管自己怎麼努力，都很難幫到那些始終想不明白的人。

為什麼？

因為他們看問題的維度不一樣。

高維的人，很容易就能理解低維的人；而低維的人，可能永遠沒辦法理解高維的人。

這與你的出身無關，與你的財富多少無關，甚至與你的教育程度無關，只與你一路走來養成的思考習慣有關。

思考問題，確實有維度高低之分。在商業世界，我們看待同一件事情，有零維到五維六個視角，如圖3-9所示。

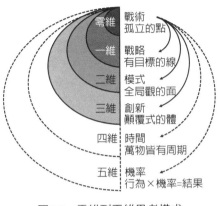

圖3-9　零維到五維思考模式

我們一個一個來講。

零維（戰術維）：
把當下做到極致，美好自然呈現

零維，在幾何學上就是一個點。

點，是孤立的，是與外在世界隔絕的。守著這一點，你將無處可去，也無處可退；你不知道機遇在哪裡，也不知道風險會不會來，你只能守在這裡。

守在這裡幹什麼呢？每天都在研究戰術（Tactic）問題：天上掉糧食，怎麼才能多收一些？外面來敵人，怎麼才能打敗對手？

美國洛杉磯警方有個特殊的組織，叫作特殊武器與戰術小隊
（Special Weapons And Tactics，SWAT）。這支戰術小隊特別厲
害，解決過很多重大案件和公共危機。2003年有一部電影叫作
SWAT，講的就是這支戰術小隊的故事。

但是，你有沒有覺得奇怪：為什麼這麼厲害的一個組織會叫
「戰術小隊」？

在傳統中文語義裡，「戰術」這個詞是帶有一點貶義的。一
般人都不喜歡被別人稱為「戰術高手」，正如電視劇《天道》中
所說：「有道無術，術尚可求；有術無道，止於術。」在古代，
儒生、道教之士、方士、法術之士等被稱為「術士」，「術士」
前面如果加上了「江湖」二字，就基本等於騙子了。

那麼，為什麼美國人似乎並不在乎「戰術小隊」這個稱呼，
甚至引以為豪呢？

這是因為，按照現代經濟學的基本邏輯，分工帶來了效率。
分工，才能專注；專注，才能精益求精。所以，在現代商業社
會，在每一個具體分工上把自己的「戰術」訓練到天下無敵的
人，都會備受尊重。

對這支戰術小隊來說也是如此：我為什麼要成為戰略大師？
只要能把制服恐怖分子的「戰術」訓練到極致，在這個具體分工
上我就是成功的。那我就好好研究格鬥術，好好研究武器，好好

研究小團隊作戰。

在今天的語境下，戰術高手不再被稱為「術士」，而是有了一個新名字——匠人。

特別精通煮飯的，是煮飯匠人；特別精通剪紙的，是剪紙匠人；特別會做木工的，是木工匠人；特別會寫程式的，是程式匠人；特別精通流量的，是流量匠人；特別會為店鋪選址的，是選址匠人；特別會寫文案的，是文案匠人；特別會做衣服的，是裁縫匠人……

分工越細，需要的匠人就越多，每個匠人都在一個點上閃閃發光。

所以，如何獲得成功？

做一個匠人，一輩子只做一件事，並且把這件事做精。只要把當下做到極致，美好自然就會呈現。

一個完美的世界，應該讓每一個匠人都獲得他們應得的豐厚回報。但是，這個世界並不完美，因為它一直在變。雖然你在這個點上閃閃發光，但這個點本身可能正在變得不再重要。

我在短影音平臺上曾經看到一段影音：某高速公路收費站，一個36歲的女員工被「優化」了，因為這個收費站即將部署自動收費系統，她大哭著說「我的青春都獻給收費站了，要我現在學別的，我也學不會了」。評論區有很多人嘲笑她，也有很多人同

情她。

我在電視上也曾經看到過一場勞動技能大賽，一個年輕的銀行女職員展示了一項絕技 —— 數錢，其技藝之嫻熟令人歎為觀止。最終，她獲得了冠軍。接受採訪時，她說：「我要把這項絕技傳下去。」這項絕技確實閃閃發光，但是，我的錢包裡有500元現金，已經放了三四年都沒動過了。現在用到現金的場合已經越來越少，數錢這個「點」，不管你多麼擅長，都已經不再重要了。

這時，死守在任何一個點上，都有可能錯失這個時代。

所以，作為一個「點」的你，心中必須要有一條線，然後沿著這條線前進。

一維（戰略維）：
不要用戰術的勤奮掩蓋戰略的懶惰

一維，在幾何學上就是一條直線。線只有長度，沒有寬度。

當你意識到你站的這個點其實是在一條線上時，你的視角就已經從零維升到一維了。你恍然大悟：原來這條線上的每個點都是你可以抵達的位置。你要做的就是選擇自己真正想立足的點，然後沿著腳下的線，朝著目標，向「前」進，或者向「後」退。

「前」與「後」，是一維世界裡僅有的方向。

可是，這條線是怎麼來的？它可能是前人踩出的腳印。

上小學的時候，大部分人都知道自己以後會讀中學。讀中學的時候，很多人會想「我要考一所好大學」。讀大學的時候，地上的線出現了分叉，分成了很多條：就業、考研究所、考公務員、出國、創業等等。你發現每一條線上都有很多腳印，於是一下子迷惘了：我要怎麼選？

選擇的關鍵在於你要去哪裡。如果心中沒有遠方（心中的那個「點」），那腳下所有的線都可能指向錯誤的方向。

有些創業者，在3D列印火爆的時候做3D列印，在VR（虛擬實境）蓬勃發展的時候轉行做VR，在區塊鏈成為熱門話題的時候搖身一變成了區塊鏈專家，而人工智慧火了以後，他們又全身心投入人工智慧這一行。再後來，元宇宙掀起熱潮，他們又回過頭來做VR了。這就是因為他們心中沒有遠方，只能從眾，最終把自己活成了一個漂泊的「點」。

如果心中有遠方（點），下面的問題就變成了戰略（線）問題。

假設你心中的遠方是征服面前的這座高山，你做夢都想登頂，那麼，你該怎麼登頂呢？

現在，你面前有兩條路。

第一條路是從正面登頂。這條路是一條寬敞的大路，你一邊

喝著可樂一邊悠閒地溜達著就能到達頂峰，很簡單。但是因為簡單，人非常多，而且路很長。

第二條路是從背面登頂。這條路說是路，其實根本不是路，你需要披荊斬棘，自己開闢出一條路來。而且背面沒有陽光，環境很惡劣。但好處是人少，而且路程也短不少。

你會選擇從哪條路登頂？

第一條路？可以。但是因為人太多，而且路很長，你需要起得很早，避開人流高峰。

第二條路？可以。但是因為很艱險，而且沒有路，你需要有強大的體能，並且能熟練使用攀登工具。

哪條路更好？沒有更好，只有更適合。如果你能起早，那就走第一條路；如果你體能好，那就走第二條路。但你一定要想清楚哪條路是最適合你的，因為一旦選錯了路，即使你再努力，最後也可能很難到達終點。

零維是戰術維，一維是戰略維。

站在零維思考的人，是不能理解什麼是戰略的。當站在一維思考的人試圖和站在零維思考的人解釋戰略時，後者會說：「什麼戰略？那只不過是成功者對自己路徑的美化和總結而已。我也成功了，但我從來沒有什麼戰略。我遇到問題解決問題，兵來將擋，水來土掩。創業就是殺出一條血路，殺出那條血路就是我的

戰略。」

這段話說得盪氣迴腸，令人欽佩。但是，這段話終究局限在了零維。那些失敗者就沒有遇到問題解決問題嗎？就沒有兵來將擋，水來土掩嗎？就沒有試圖殺出一條血路嗎？他們中有很多人也曾經努力嘗試過、拚搏過，但可惜的是他們不像這位創業者那麼幸運。他們的「點」不再重要了，沒有遠方（目標）和道路（戰略），他們只能一邊奮戰，一邊原地下沉。

這就是為什麼雷軍說「不要用戰術的勤奮掩蓋戰略的懶惰」。

二維（模式維）：
商業模式就是利益相關者的交易結構

戰略，聽上去已經很厲害了，可是，居然還只是一維。那二維是什麼？

二維是模式維。

二維，在幾何學上就是一個面。面，有長度，有寬度，但是沒有高度。

當你在二維世界裡思考時，就開始有了「全域觀」。

有一次，朋友開車送我去佛山。我們被堵在了路上，他說：「你看，戰略就像選車道，選錯了道，就算你開BMW，也只能

眼睜睜地被賓士超過。」這番話說得真好。我說：「所以你要有全域觀，要升到半空，看清楚前面的路況，然後回到車裡選對的車道，這樣就算被大車擋路，你也知道接下來終會快起來，不會焦慮。」

如果說戰略是一條條車道，那麼，全域觀就是凌空俯視所有車道的格局。

可是，我們不可能真的凌空俯視所有車道，怎麼辦呢？買一張地圖。

我1999年來到上海，2004年拿到駕照，2005年買了車和一張上海市區交通地圖。這張地圖對我來說太重要了，因為我開車時，副駕上的人可以看著地圖幫我選擇最佳路徑：往左，往左，往右，往右；不是，是下個路口往右，這個路口直行。在地圖的指引下，我可以更快捷地到達目的地。

地圖的意義就是把所有的路徑展示給你看，讓你根據自己的目的地和偏好（最快、最近或者最省錢）來選擇自己的路徑。

在商業世界裡，商業模式就是把所有一維戰略都展示給你看的二維地圖。

商業模式有很多定義，但是我最喜歡的，是北大魏煒教授的定義，他說：「商業模式就是利益相關者的交易結構。」

所謂利益相關者，是指和企業的經營行為有聯繫的所有群體

和個人，比如股東、員工、客戶、供應商、競爭對手、監管部門等。

所謂交易結構，是指這些利益相關者之間的聯結關係，是商業價值從一個利益相關者流向另一個利益相關者的通路。

舉個例子。在谷歌早期的商業模式中有三個利益相關者──谷歌、雅虎和用戶，如圖3-10所示。

圖3-10　谷歌早期的商業模式

這三者之間的交易結構如下。

◇ **交易結構**1：用戶到雅虎網站上搜索，作為回報，用戶把自己的注意力（瀏覽時間）價值交給雅虎；雅虎獲得了用戶的注意力，作為回報，雅虎把搜索結果回饋給用戶。但是，雅虎本身並沒有搜索能力，於是，它啟動了「交易結構2」。

◇ **交易結構**2：雅虎將用戶的搜索需求發給谷歌，請它代為在網際網路上搜索，作為回報，雅虎給谷歌付服務費；谷歌收取了雅虎的服務費，作為回報，把搜索結果發給雅虎。最後，雅虎把結果傳遞給用戶。

　　這個商業模式運行了很久，其間，谷歌一直賺著服務費。但是，這個商業模式雖然很穩定，卻增長很慢。漸漸地，谷歌發現，自己被「堵」在了這條路上。

　　於是，谷歌升到半空，凌空俯視商業模式地圖的全域，如圖3-11所示。

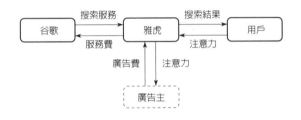

圖3-11　商業模式地圖的全域

　　它發現，遠處還有一個利益相關者，藏在雅虎的背後，那就是廣告主。雅虎和廣告主之間還有一個「交易結構3」。

◇ **交易結構3**：雅虎把從用戶那裡獲得的注意力用於展示廣告主的廣告，廣告主獲得了產品展示機會，作為回報，廣告主給雅虎支付廣告費。雅虎收到的廣告費比它付給谷歌的服務費要多，因此，雅虎賺到了「差價」。

　　有了「全域觀」，谷歌就開始思考了：我能不能繞開這條擁堵的道路，選擇一條直接和廣告主、用戶合作的近路呢？後

來，谷歌發明了著名的「上下文廣告」（Contextual Ads，情境廣告）。所謂「上下文廣告」，就是用戶在搜索「灰塵太大怎麼辦」時，會看到谷歌推送的吸塵器廣告。這樣的廣告對用戶而言更有用，對廣告主而言更精準。谷歌用「上下文廣告」建立了新的交易結構，如圖3-12所示。

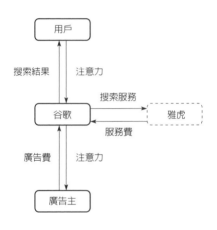

圖3-12　谷歌的新交易結構

谷歌的廣告服務推出後，大受歡迎。漸漸地，谷歌從一家後臺的技術服務商成長為一家真正的網際網路公司。

商業模式就好比一張二維地圖，上面展示了所有的一維戰略路徑，供你做出最優選擇。這意味著，不懂商業模式的人，就算是戰略高手，也很難制定出真正有效的戰略。

三維（創新維）：顛覆式創新讓不可能成為可能

零維是戰術維，一維是戰略維，二維是模式維，那麼，三維呢？

三維是創新維。

三維，在幾何學上就是一個體。體，有長度，有寬度，也有高度。

我在上海開車時，常常遇到一個問題：車已經開上了高架橋，但導航軟體卻以為我仍然在地面道路上，溫馨地提示我「前方有紅綠燈，請右轉」。

為什麼會這樣？

因為地圖軟體是二維的，而高架橋存在於三維世界。二維的地圖無法理解三維的高架橋。

我和極飛科技創始人彭斌認識很早，20年前我就把他選為「微軟最有價值專家」。我們再遇到時，他已經創業了，做無人機。聊起無人機，我說：「這東西有意思，它把人類的生活方式從二維帶到了三維。」彭斌眼前一亮，說：「我就喜歡和你這種

人聊天。你說得太對了。」

什麼叫「把人類的生活方式從二維帶到了三維」？

人類總覺得自己是生活在三維世界裡的，但其實在大部分情況下，我們只生活在二維空間。

為什麼絕大部分建築區域都有高牆，卻沒有蓋子？比如故宮。因為這些區域不需要蓋子。人只會在二維世界裡走，不會在三維世界裡飛。高牆就能擋住人類，所以不需要蓋子。

但是突然有一天，人類可以遙控無人機或者自己借助無人機的力量在天上「飛」了。這時，人類才算真正活在三維世界了。我們在三維世界裡飛翔，可以輕易地飛越任何一堵高牆，然後降到二維世界裡行走。瞬間，所有高牆都失去了意義。現在人類世界可能還沒準備好這一天的來臨，因為我們很難想像，所有建築區域都加上蓋子的生活是什麼樣的。

是什麼正在把人類從二維帶入三維？是創新，是顛覆式技術。高架橋是通往三維世界的顛覆式創新，無人機也是通往三維世界的顛覆式技術。

商業世界也是一樣。一旦有了真正的顛覆式技術，傳統商業模式就會被顛覆。

以跨境電商為例。有一次，我去海寧調研，看到一款真皮沙發特別好看，於是向商家問價，商家說6000元。我覺得這個價格

不貴，於是打算買下來，但商家卻說：「很抱歉啊，這款沙發不能賣，這批貨我們約定好只能出口歐洲。」我覺得有點遺憾，就接著問：「那賣到歐洲多少錢呢？」他說：「6000歐元。」

當時，歐元和人民幣的匯率是1：10，6000歐元就是60,000元人民幣。一套在中國生產的6000元的沙發，賣給歐洲消費者是60,000元，價格足足翻了10倍。

為什麼？因為擋在中國工廠和歐洲用戶之間的「高牆」太高了，很難跨過去。尋遍地圖，發現必須繞一條很遠的路才能過去。地圖上顯示，這一路上的利益相關者有採購商、貿易商、分銷商、零售商等等。

但是，跨境電商突然出現了。跨境電商就像高架橋一樣，從二維世界躍升到三維世界，跨過「高牆」，使商品直達歐洲用戶。從此，再也沒有人繞那條很遠的路。

拿著二維地圖的人，是不相信高架橋存在的。他們會說，所有在空中的，都是虛擬經濟；只有在地面上的，才是實體經濟；虛擬經濟很危險，因為它正在摧毀中國的實體經濟。

後來，區塊鏈又出現了。區塊鏈簡直就是無人機一樣的存在，它在三維世界裡盤旋，完全不需要二維世界的支點。於是，這引來了更多手持二維地圖的人的恐慌和憤怒。

有很多著名企業家也站在這些恐慌和憤怒的人群中。他們為

人謙遜，樂善好施，勤儉節約，但是，他們就是不願意相信手中那張曾經引導他們尋到寶藏的二維地圖，在今天已經不再準確了。

用舊地圖找不到新大陸。能站在三維視角思考的人，才是真正擁抱創新的人。但是，這很難。昨天越成功，今天就越難突破。

四維（時間維）：原因通常不在結果附近

零維是戰術維，一維是戰略維，二維是模式維，三維是創新維，那麼，四維呢？

四維是時間維。

四維，在笛卡兒座標系中是無法展示的，需要你動用抽象思維。

桌上有一個蘋果，從二維視角，你看到的是它的一個面；從三維視角，你看到的是整個蘋果。而從四維視角，你可以沿著一根時間軸，往回「推測」出這個蘋果從一粒種子到長成幼苗，到開花結果，到被採摘運進超市，再到被擺在桌上的過程；你甚至還可以沿著這條時間軸，往前「預測」出它未來腐爛、乾枯，回到大自然重新變回種子的過程。

沿著時間軸的思考，我們稱之為四維思考。四維思考比三維

思考要難得多，因為四維思考是純粹的抽象思考。

我舉個例子。我見過很多創業者到華為參觀考察，華為非常成功，值得學習。但是我發現，大家聽完華為老師的分享後，就用隨身碟拷貝老師電腦上的各種流程、制度、表格，動輒好幾個GB。拷貝完之後，他們特別滿足，彷彿把這個隨身碟帶回家，自己的公司在不久之後就能變成華為。

每次遇到這樣的場景，我都會皺起眉頭。華為今天的管理手段，只適合今天的華為。華為像這些創業者的公司那麼大時，採用的管理方式肯定不是這樣的。如果創業者真的想拷貝資料，也許應該去華為的檔案庫，把華為2012年或者2002年甚至1992年的管理制度拷貝回家，而不是拷貝2022年的。今天華為的成功與輝煌，不在於它今天做了什麼，而在於它10年前、20年前甚至30年前做了什麼。

只有理解了抽象的時間維度的存在，你才會明白：原因通常不在結果附近。

再舉個例子。小米2010年開始創業，2013年的營收就達到了265億元，簡直是火箭般的速度。無數企業家蜂擁而至，向小米學習「管理祕笈」。雷軍說：「我們的管理祕笈，就是我們的超級扁平化。」在小米，雷軍下面是合夥人，合夥人下面是員工，從上到下只有三級，超級扁平化。

　　企業家們一聽，羞愧難當：在自己的公司裡，從員工到主管，到經理，到總監，到部門總經理，到副總裁，到高級副總裁，到常務高級副總裁，到總裁，到輪值CEO，到CEO，到副董事長，到常務副董事長，到董事長，足足有十幾個層級，太臃腫了。一定要扁平化！

　　回到公司後，這些企業家就開始將大刀砍向自己的組織架構，不斷縮減層級。先是縮減到8層，然後縮減到7層，再縮減到6層……越往後越難縮減，可不管他們怎麼努力，就是不能像小米一樣縮減到3層，為此，他們非常痛苦。幾年之後，公司傷筋動骨，卻還是沒能實現「超級扁平化」。

　　2019年，小米公司宣佈：小米的組織架構從3個層級改為10個層級。

　　這些企業家聽到這個消息，可能會一口鮮血吐在螢幕上：為什麼啊？這是為什麼啊？

　　這是因為，站在時間的維度來看，2013年的小米仍然處於創業期，首要任務是試錯、增長，而且員工數量不多，所以，小米採用了扁平化的組織架構。但是，2019年的小米已經進入成熟期，需要規範，需要增加確定性，這時，小米就要面對管理效益了，所以因時制宜地改成了層級管控架構。

　　那些沒有四維思考能力的企業家，讓早就處於成熟期的公司

採用剛剛創業的小米的管理方式，反而導致公司元氣大傷。

所以，研究商業世界，一定要懂得給萬物加上時間維。一旦加上時間維，你就會看到隱藏在成敗背後的各種週期，比如產品生命週期、企業生命週期、技術發展週期等。萬物皆有週期。

五維（機率維）：正確的事情，重複做

零維是戰術維，一維是戰略維，二維是模式維，三維是創新維，四維是時間維，那麼，五維呢？

五維是機率維。

五維和四維一樣，在笛卡兒座標系中也是無法展示的，你需要動用比四維更多的抽象思維，才能理解五維的商業視角。

這個維度太重要了，但是在這一節我不打算細說，我會在第6章對機率進行詳細講解。在這裡，我只想講一個故事。

你可能聽過一句話：「永遠都要向有結果的人學習，因為結果不撒謊。」乍一聽，這句話很有道理，但真的是這樣嗎？

其實，這句話並不正確，甚至「有毒」，因為它忽略了一個很重要的維度──機率。

我舉個例子。

有A和B兩個瓶子，裡面各有兩種球（黑球、灰球）10個。你有一次機會，從其中一個瓶子中取出一個球。如果取出的是黑

球，你可以得到100萬元獎勵。如果取出的是灰球，什麼獎勵都沒有。你會從哪個瓶子裡取？

條件太少了？好。多給你一個條件：排在你前面的人，從瓶子B中取出了黑球。那麼，你選A，還是選B？

現在我們來分析一下排在你前面的人的行為和結果。

◇ 行為：從瓶子B中取球。

◇ 結果：得到100萬元獎勵。

還記得前面提到的這句話嗎：永遠向有結果的人學習，因為結果不會撒謊。

如果這句話是正確的，他獲得了好的結果，就學習他的行為，那我們是不是也應該從瓶子B中取球？

你現在可能已經意識到不對了：這要看哪個瓶子裡的黑球多吧？

是的。雖然排在你前面的人從瓶子B中取出了黑球，但萬一瓶子A中的黑球更多呢？比如圖3-13中這種情況。

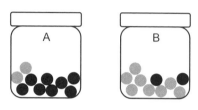

圖3-13　瓶子A中的黑球更多

　　如圖3-13所示，瓶子A中，10個球中有8個是黑球，抽中黑球
的機率是80%；瓶子B中，10個球中有2個是黑球，抽中黑球的機
率是20%。

　　現在，你知道了兩件事情。

　　第一，選瓶子A，有80%的機率得100萬元；選瓶子B，有
20%的機率得100萬元。

　　第二，排在你前面的人選B，得了100萬元。

　　這時，你是選A，還是選B？我猜，大部分人都會選A。那
為什麼排在前面的人明明選瓶子B抽中了100萬元，你還是選A
呢？因為你認為他只是運氣好。

　　運氣是帶有感情色彩的表述方式，去掉感情色彩，運氣就是
機率。行為X，有可能（也有可能不）帶來結果Y，這個可能性
就是機率。所以，行為不是必然帶來結果的。如果用一個公式來
表示，行為與結果之間的關係是這樣的：

行為×機率＝結果

選B，有20%的機率會選中黑球。排在你前面的人選了B，就彷彿上帝擲了一下骰子，正好骰子落在了20%的機率區間裡，我們說他「運氣好」。

雖然排在你前面的這個人得到了「結果」，但我們依然說他選錯了，因為「結果」撒謊了──只有20%的機率得到「結果」。

結果的正確並不能證明行為的正確。真正的高手，看到運氣好的人不會羨慕，而是會堅持做成功機率大的事情。

「永遠向有結果的人學習，因為結果不會撒謊」，這句話到底錯在哪裡？錯在它認為確定的行為會帶來確定的結果。這當然是錯的，甚至是「有毒」的。

真正的高手，都會站在機率維的視角看待萬物。

真正的高手，會研究行為，更會研究行為的機率。

結語

這一章，我們從笛卡兒座標系開始，聊到了「解析幾何」，聊到了「五維思考」。

其實，我寫這本書的目的，並不是想用大學時虐過我的數學

題再虐你一遍。你不需要和我一樣做題，我儘量避開了公式和計算，你只需要理解我從這些題中提煉出來的數學語言和數學思維。因為這些語言和思維是現象和本質的連接器，對理解商業世界、指導創業非常有用。

在這一章，我最希望你能獲得的思維方式就是升維思考，希望「五維思考」能成為你的思維習慣。下一章，我們會講一講另一個對理解商業世界非常有幫助的概念——指數。

第 **4** 章

指數和冪
在非線性世界獲得成功的祕訣

這一章我要講的是指數和冪以及它們背後的數學規律，這幾乎決定了你在商業世界裡能獲得多大的成功。

《新約‧馬太福音》裡有這樣一段表述：「凡有的，還要加給他，叫他有餘；凡沒有的，連他所有的也要奪去。」這就是著名的馬太效應。

天啊，這也太不「仁慈」了吧？少的人，你還要從他身上把所有的都拿走；多的人，你還要額外地給他？這一定會導致窮者愈窮、富者愈富吧？

老子在《道德經》裡也表達過與「馬太效應」同樣的觀點：「天之道，損有餘而補不足。人之道，則不然，損不足以奉有餘。」翻譯成現代話是：自然的規律，是減少有餘的補給不足的；可是社會的法則卻不是這樣，要減少不足的，來奉獻給有餘的人。

《道德經》裡的說法和《新約‧馬太福音》裡的說法意思完全一樣。

我知道，那些相信「一分耕耘一分收穫」的人一定無法接受這樣的觀點。但是，這是社會運作的基本規律之一。

主宰這個世界的基本規律，是符合數學邏輯的物理規律。它們像是天上的「神」，其中一個「神」主管著商業世界，它就是「指數增長」。《新約‧馬太福音》和《道德經》裡說的「多者

更多，少者更少」，就是指數增長的傑作。

指數增長還有一個孿生弟弟叫「冪律分佈」。指數增長與冪律分佈之間的關係，就像《大話西遊》裡的紫霞和青霞一樣，一體共生。指數增長是原因，冪律分佈是結果。

世界不平等實驗室（World Inequality Lab，隸屬於巴黎經濟學院）發佈的《2022年世界不平等報告》顯示，富人和窮人之間的財務差距正在日益加大。

20年前，全球收入最高階層成員的收入是最低階層成員的8.5倍，如今這一差距飆升至15倍。現在，10%的最富有者擁有全球75%的財富，而50%的貧窮者所擁有的財富加起來只占2%[16]。

《2022年世界不平等報告》畫了一張全球財富分佈圖（2021年），如圖4-1所示。

16　范旭，胡藝玲。「世界不平等報告」：財富集中越發顯著，最富10%占全球75%財富（2021-12-09）
　　https://static.cdsb.com/micropub/Articles/202112/54d9eb586835f64777984fcaf3c2b47f.html

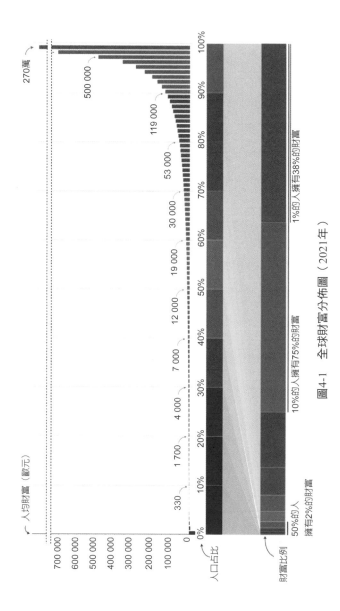

圖4-1　全球財富分佈圖（2021年）

資料來源：https://wir2022.wid.world.

圖4-1顯示，從左邊（窮人）到右邊（富人），擁有的財富數量陡峭上升，呈現出冪律分佈的特徵。

雖然我們想盡一切辦法縮小貧富差距，但事實上，貧富差距仍在繼續擴大。這背後就是指數增長和冪律分佈在發揮作用。看來，我們還需要繼續努力。

可是，為什麼會這樣？這背後看似極其強大的規律是如何影響商業的？如何才能借助規律而不是與規律對抗？

要想找到這些問題的答案，你需要重新理解中學時學過的「指數」和「冪」。

什麼是指數？什麼是冪？

我們看一下這個算式：

$$2^3 = 8$$

在這個算式裡，3是「指數」，8是「冪」，而2是「底數」。「幾的幾次方」這種演算法叫「乘方」。

$$底數^{指數} = 冪$$

這很簡單，但是，這個你中學時就學過的、這麼簡單的數學公式，是如何變身指數增長和冪律分佈這個一體雙生的「神」，塑造並主宰商業這個非線性世界的呢？

我們來深入探究一下。作為創業者，你有必要知道其中的奧妙所在。

▌指數增長：為什麼一分耕耘不能獲得一分收獲？

你可能聽說過舍罕王獎勵西洋棋發明者的故事。

傳說，西洋棋是由古印度聰明的宰相西薩・班・達依爾發明的。達依爾把這個發明進貢給了舍罕王，舍罕王非常喜歡，決定對他進行獎賞，於是問他：「你想要什麼賞賜？」

達依爾說：「陛下，您賞給我一些麥子吧。放滿這個棋盤就行。第1格放1顆，第2格放2顆，第3格放4顆，每一格裡的數量都比前一格增加一倍。擺滿64格，我就心滿意足了。」

舍罕王大喜，心想：這要求真不過分啊。

你一定猜到結果了：沒學過「指數增長」的舍罕王逐漸意識到，整個國家的糧食儲備都擺不滿棋盤上的64格。

那要多少麥子才能擺滿這64格呢？

答案是：$2^{64}-1＝18,446,744,073,709,551,615$（粒）。

如果按照30克的千粒重估算，這些麥子總量超過5000億噸。這個數字龐大到難以想像，我說個數字來幫助你理解。2021年，全球小麥總產量是7.76億噸，創造了人類歷史紀錄。也就是說，要把達依爾的棋盤放滿，按照2021年的小麥產量，全人類要不吃

不喝種六個多世紀的麥子。

為什麼會需要這麼多？因為達依爾借助了指數增長的威力。

可是，指數增長為什麼會有這麼大的威力呢？

前後關聯：
把昨天的收穫連本帶利地變成今天的本金

我在第1章舉了一個關於智商遺傳的例子。假如西洋棋棋盤上的第1格是我祖父的祖父的祖父……的祖父（我的家族鼻祖）的智商，第2格是他兒子的智商，然後依次下去，倒數第3格是我爺爺的智商，倒數第2格是我父親的智商，最後1格（第64格）是我的智商。請問，我的智商和家族鼻祖的智商，會相差18,446,744,073,709,551,615倍嗎？

當然不會。如果會，我還是人類嗎？我早就動身去對付「薩諾斯（Thanos）」[17]了。

事實上，第64格（我）的智商和第1格（家族鼻祖）的智商差距很小。我可能比他聰明些，但聰明得不多。我也可能遠遠不如他。

為什麼同樣是64格，差距卻這麼大？

這是因為，達依爾的「小麥棋盤」上的64格之間有從未間斷

17　美國漫威漫畫旗下超級反派，實力極其強大。

的前後關聯，而我們家族「智商棋盤」上的64格之間前後幾乎毫無關係。下一代的智商落在家族「智商頻寬」中的什麼位置，全靠運氣。

前後關聯就是指數增長的祕密。

什麼是前後關聯？

我們重新看一下達依爾提的要求：每一格裡麥子的數量都比前一格增加一倍。這個要求，翻譯成數學語言就是：

小麥棋盤：後一格＝前一格×（1＋100%）

（1＋100%）就是後一格與前一格之間的關聯。如果說「1」是本金，「100%」是利息，那麼，前後關聯就是把上一格的收益連本帶利地作為下一格的本金。下一格的收益再連本帶利地作為下下一格的本金，如此迴圈63次。

基於前後關聯的傳承，每一步都是站在前人的肩膀上。隨著指數的增加（比如從1到64），下一步當然越來越好。越來越好的速度，取決於利息的多少。這就是指數增長，如圖4-2所示。

圖4-2 指數增長

再來看我們家族的智商。

上一代的初始智商（本金）加上他後天的習得（利息），能連本帶利地遺傳給下一代嗎？不能。事實上，我們家族（以及全人類）「智商棋盤」上每個格子之間的前後關聯都非常弱，主要是靠各種隨機事件，直白地說，就是靠運氣。

你是做外貿生意的，發現這一行不好做，就去開餐廳；發現餐飲業也不好做，又去開旅行社；發現旅遊業還是不好做，又去做直播電商⋯⋯你前後幾件事之間是沒有關聯的，因此，你不可能獲得指數增長。這三件事的成功機率，和我們家族的智商一樣，完全是獨立的隨機事件。

如果前後關聯弱，甚至幾乎沒有關聯，不管上一步怎麼努力，下一步都只能重新再來。這樣就很容易忽好忽壞，或者原地踏步。

所以，如何才能獲得指數增長？

建立每一步之間的前後關聯，從而把昨天的收穫連本帶利地變成今天的本金。

你的公司賺了錢，如果你把所有錢都拿回去買房、娛樂了，那麼是不太可能獲得指數增長的。把去年的收穫（利潤）連本帶利地變成今年的本金，才可能創造前後關聯。明年繼續這麼幹，後年繼續這麼幹⋯⋯一直這麼幹，最後才能獲得指數增長。

前後關聯，是獲得指數增長的數學基礎。理解了這一點，我們才能理解《道德經》和《新約‧馬太福音》裡所說的「多者更多，少者更少」現象。

為什麼？

因為商業世界中，每個人擁有的生產要素都不一樣。在這些生產要素中，有些有天然的前後關聯屬性（小麥棋盤型），而另一些則沒有（智商棋盤型）。

生產要素：為什麼再努力財富機會都不均等？

我們先來瞭解什麼是生產要素。

大家都知道，我們通常用GDP（Gross Domestic Product，國民生產毛額）這個統計指標來表示一個國家一年內創造的總財富。GDP的增長源自「三駕馬車」：投資、消費和淨出口。

但是，投資、消費、淨出口其實只是財富創造的統計口徑。真正推動增長、推動財富創造的，是勞動力、土地、資本、科技、數據這五大生產要素的充沛供給和有效使用。

先說古典增長理論常說的「勞動力、土地和資本」這三個生產要素。

你要開一家紡織廠，要能招到工人（勞動力），要有地方（土地）建廠房，要有錢（資本）購買設備。這三個要素中任何

一個要素短缺都會抑制財富創造，從而限制經濟增長。

再說新增長理論常說的「科技」這個生產要素。

同樣是紡紗，用傳統紡車，一個女工一次只能紡1卷紗，但如果用珍妮紡紗機這一新工具，一個女工可以同時紡8卷紗。如果給珍妮紡紗機再加上蒸汽機呢？一個女工可以同時紡80卷紗、800卷紗，甚至更多。將科技（比如珍妮紡紗機、蒸汽機）用於生產，會極大地提高財富創造的效率，從而帶來經濟的飛速增長。

最後說「數據」這個全新的生產要素。

以前，企業不知道消費者喜歡什麼，只好先生產再推銷。在這種情況下，可能有很多產品賣不出去，導致企業虧錢。但現在，有了海量的電商數據，企業可以根據使用者的偏好反向定制生產。這樣，企業完全不會有庫存。財富創造的能力和效率都因此獲得巨大的提升。

「三駕馬車」，是GDP的統計口徑；「五大要素」，是GDP的推動力量。

這五大要素對推動財富創造、經濟增長都很重要。但是，它們彼此的數學特性卻不一樣。

有的要素，幾乎完全沒有前後關聯的特性，比如勞動力。

勞動力是一種典型的「智商棋盤型」的生產要素，幾乎沒有

數學意義上的前後關聯特性。

　　假如我是一名技工，前天，我在工廠組裝了200部手機，賺了200元。昨天，我狀態好，一下子組裝了230部手機，賺了230元。今天，我有點不舒服，咬著牙只組裝了150部手機，賺了150元。請問，我前天賺的200元、昨天賺的230元和今天賺的150元之間有前後關聯嗎？我後幾天賺的錢是在前幾天的基礎上越來越多的嗎？顯然不是。我每天賺的錢多少，只受當天各種情況的影響，這是獨立事件。

　　但是，同樣是勞動力，醫生、律師、工程師、諮詢顧問、管理者略有不同。

　　假如我是一名工程師，我一開始能力不強，一年能賺10萬元；第二年，因為前一年的經驗積累，能力增強，一年能賺15萬元；第三年，因為第二年的經驗積累，能力更強了，一年能賺20萬元；第四年、第五年，賺到的錢越來越多。

　　前一年積累的經驗，連本帶利地成為後一年的能力。看上去，工程師這種勞動力具有前後關聯的數學屬性，是嗎？沒錯。但是，工程師的前後關聯屬性帶來的增長比較低。

　　作為專業崗位員工，工程師有一條「學習曲線」。這條曲線早期陡峭上升，到後面迅速變慢，甚至可能下降。其具體表現是：20~30歲，工程師的技術突飛猛進；30~40歲，幾乎原地踏

步；40歲以後，隨著新技術的不斷出現，工程師的實際能力開始減弱，隨時都有被20~30歲的年輕人取代的風險。

有段「雞湯」：只要你每天進步1%，一年之後，你的能力就是一年前的約37.78倍。但是如果你每天退步1%，那一年後，你的能力就只有一年前的約3%了。

這段「雞湯」還配了一個指數增長算式：

$$1.01^{365} \approx 37.78$$

$$0.99^{365} \approx 0.03$$

這個指數增長算式看上去沒有問題，也很勵志，但它忽略了一點：勞動力水準的提升是達不到每天1%的進步的。假如你的平均勞動水準是每天組裝200部手機，不管你這一年內怎麼提升自己，一年後都不可能達到每天組裝7556部手機。體力勞動者不可能，腦力勞動者也不可能。

37.78倍的能力提升，別說是一年，一輩子可能都實現不了。這是由勞動力這個生產要素背後那條「學習曲線」的自身規律所決定的。

所以，一個勞動者可以衣食無憂，甚至相當富裕，但是，想要靠勞動獲得指數增長，幾乎不可能。

那土地呢？

　　可能和你理解的不一樣，土地的前後關聯屬性並不比勞動力
強多少。

　　假如我出租一套房子，去年這套房子的租金是每月5000元，
今年這套房子的租金是每月5500元，明年這套房子的租金估計是
每月5300元。這三年，我每月能收多少房租是由當年的供需關係
決定的，與前一年租金的高低幾乎無關，每一年的租金都是獨立
事件。

　　你可能會說：可是房產和土地會增值啊！

　　過去，我們一直處於房產和土地的增值週期中，所以很多人
會誤以為房產和土地的價格只會漲，不會跌，但事實並非如此。

　　所以，「一鋪養三代」也許可以，很多人也從中國長期的房
地產紅利中賺到了不少錢，但是，想靠房產和土地獲得指數增
長，同樣是幾乎不可能的。

　　但是，資本就不一樣了。

　　假如前年我投資了某個專案1000元，得到了200元的收益。
去年，我把這1000元本金和200元收益連本帶利又投給了那個計
畫，年底收回1440元。今年，我把這1440元又投進去了，估計年
底能收回1728元。我投資了1000元，這1000元第一年幫我賺了
200元，第二年幫我賺了240元，第三年幫我賺了288元，賺到的
錢越來越多。用一個公式表示，就是：

後一年＝前一年×（1＋20%）

資本是一個典型的「小麥棋盤型」生產要素。後一年和前一年有（1＋20%）的前後關聯。雖然「每年賺20%」不如達依爾的「增加一倍」，但是如果放滿64格，也能獲得11萬多倍的收益。

如果我20歲的時候投了1000元在一個穩定年化收益20%、第二年自動連本帶利滾入本金的專案上，然後就忘了這件事，那麼64年後，當84歲的我突然想起這件事時，我會發現我的帳戶裡有約1.17億元。

當然，20%已經是很高的收益了，而且這個世界上不存在「穩定年化收益」，但是資本的前後關聯特性確實使一部分人的財富獲得了指數增長。

所以，你會發現，勞動力在數學意義上的弱前後關聯性，以及資本在數學意義上的強前後關聯性，必然導致財富向資本方集中。在沒有非市場化因素干預的情況下，貧富差距一定會越來越大。

但是，還有一個生產要素比資本具有更強的數學意義上的前後關聯性，那就是科技。

在科技行業，這個數學意義上的前後關聯性被稱為「飛輪效

應」。

2001年，亞馬遜的創始人傑夫・貝佐斯（Jeff Bezos）在餐
巾紙上畫了兩個圈，如圖4-3所示。

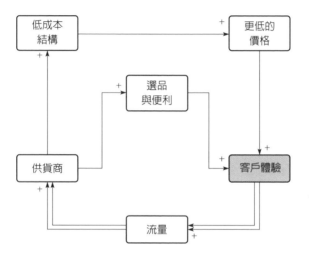

圖4-3　亞馬遜的「增長飛輪」

這兩個圈就是亞馬遜的「增長飛輪」，用一句話來解釋就
是：商品越多、越便宜，用戶就越多；用戶越多，商品就越多、
越便宜。用一個公式來表示就是：

後一圈＝前一圈×（1＋新增用戶%）

這個邏輯難道不是幾千年來所有生意人都熟知的基本道理

嗎？還需要貝佐斯來說？

　　是的。但是在過去，你雖然知道這件事，卻做不到。因為你的小店所能服務的，只有附近3公里的人。這個「小麥棋盤」很小，只有7~8格，所以填了幾格後，因為服務總人數的剛性限制，你的小店很快進入發展瓶頸期。

　　但是，理論上網際網路是可以服務全人類的，科技給貝佐斯換了一個巨大的「小麥棋盤」。這個棋盤和達依爾的一樣，有64格。

　　貝佐斯如獲至寶，開始一格一格地往裡放「小麥」。

　　放到3~4格的時候，別人覺得他是不是傻；放到7~8格的時候，大家開始意識到他的存在；放到10~20格的時候，他的公司已經很大了，但依然不賺錢，大家疑惑這個模式是不是真的成立。終於，放到第30格時，貝佐斯開始賺錢了，而且一下子賺到了多到令人瞠目結舌的錢。接著，貝佐斯開始放第31格、第32格，這時，他成了全球首富。

　　科技所帶來的指數增長以及財富的集中效應，讓資本都望之莫及。

　　2021年富比世富豪榜前十名中有7個是科技巨頭，比如亞馬遜的貝佐斯、特斯拉的伊隆・馬斯克、微軟的比爾蓋茲、Facebook的祖克伯、谷歌的拉里・佩奇和謝爾蓋・布林。而投資

人，只有華倫‧巴菲特。

那麼，數據呢？

數據是科技的副產品，具有和科技一樣的數學屬性。數據越多，價值就越高。在這裡，我們就不詳細討論了。

現在，我們把這五大生產要素放在一起，根據前後關聯性的強弱以及導致指數增長的可能性大小，給它們排個序，如圖4-4所示。

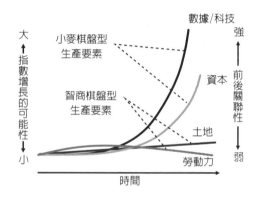

圖4-4　生產要素與指數增長

所以，如何獲得指數增長？數學告訴你，至少應掌握資本這項生產要素，當然，如果你能掌握科技和數據資料這兩大「絕殺技」，那就再好不過了。

以前，我們提到有錢人時，會想起「地主」。後來，我們提到「資本家」時，會覺得他們更有錢。現在，「科技巨頭」才是真正的富可敵國。未來，當「數據主」這樣的概念開始出現時，難以想像商業世界會變成什麼樣子。

資本、科技、數據帶來了個人財富的指數增長，帶來了全球經濟的持續繁榮，但同時也帶來了貧富差距的擴大。這幾乎是必然的，因為指數增長的反面是冪律分佈。

冪律分佈：選對賽道是成功的關鍵

什麼是冪律分佈？

我在《劉潤·5分鐘商學院》的發刊詞裡曾經舉過一個例子。

我有一個朋友是舉辦個人畫展的最年輕的藝術家之一，作品在拍賣行被拍出上百萬元的價格。

小時候的他其實在音樂和繪畫上都極有天賦，也因此面臨過很多人都曾面臨過的人生兩難：如果只能在音樂和繪畫中選一個堅定地走下去，怎麼選？

其實，從商業的視角看，音樂和繪畫有本質區別。

在這個世界上，有些行業註定是分散的，誰都不可能占據很大的市場份額，但做得好也能很優秀，比如繪畫。繪畫這個行業是「梯形台」，畫家的畫可能賣5萬元／平方尺，也可能賣50萬元／平方尺，他們處於這個「梯形台」的不同層次，每一層都能養活一批畫家。總體來說，繪畫行業是趨於分散的。

但是，另外一些行業則完全不同。在這些行業裡，成功者很容易壟斷、一家通吃，比如音樂就是如此。一首歌很好聽，很多人上網聽。他們聽了之後，又傳播給更多人，於是，這首歌越來

越火，歌手也越來越出名。再比如，說起中國著名鋼琴家，我會想起郎朗，但除此之外，我說不出第二個人的名字。音樂這一行就像金字塔，能到達塔尖的就那一兩個人。總體來說，音樂行業是趨於集中的。

最後，這位朋友選擇了在繪畫這一行繼續精進。

趨向分散的繪畫行業，符合正態分佈（鐘形）；而趨向集中的音樂行業，符合冪律分佈（尖刀形）。

冪律分佈

冪律分佈與指數增長是一體兩面，所以，我們回到最開始的指數公式：

$$底數^{指數}＝冪$$

有A、B、C三個人，其中，A增長的前後關聯性是0，他是純粹的勞動者；B增長的前後關聯性是20%，他是一個投資人；C增長的前後關聯性是80%，他是一位科技大佬。如果這三個人都以「1」為起點，同樣奮鬥20年，猜猜看，他們創造財富的能力最終會差多少？

他們的差距，可以用三個算式來表示：

$$A：（1+0\%）^{20}=1$$

$$B：（1+20\%）^{20}\approx38.34$$

$$C：（1+80\%）^{20}\approx127,482.36$$

在這個算式組裡，算式右邊的三個數（1，38.34，127,482.36）就是冪。這三個人掌握的生產要素不同，雖然奮鬥同樣的時日（也就是「指數」相同），他們的財富總額（也就是最後的「冪」）卻有著天壤之別。

如果是30人、3萬人甚至3億人呢？把他們的財富總額（冪）從低到高、從左到右列在一張圖裡，會是什麼情況呢？把冪按順序畫在同一張圖裡，就是冪律分佈。

我們再回頭看一下《2022年世界不平等報告》裡的那張全球財富分佈圖（見圖4-1），它就是指數增長必然帶來的冪律分佈示意圖。

在指數增長的長期作用下，遊戲參與者所擁有的籌碼差距越來越大，從而導致極度不平均。

貧富差距越來越大，當然不是一件好事。這使經濟增長的「蛋糕」不能公平地分配給每一個做出貢獻的人，而且還會使社會出現不穩定。怎麼辦？

既然貧富差距是資本和科技帶來的，那把資本和科技收為國

有是不是就可以解決這個問題了？這當然不行。無數血淚教訓告訴我們，只有讓生產要素自由流動，它們才能被最能發揮其價值的人擁有，從而創造最大的社會財富。所以，勞動力、土地、資本、科技、資料都要市場化交易，勞動力市場（人才市場）、土地市場（土地拍賣）、資本市場（銀行及證券等）、技術市場（專利）以及日益成熟的資料市場都是必須存在的。

那還有什麼方法呢？

面對這個數學難題，大部分國家選擇了「三次分配」。

三次分配

要理解什麼是三次分配，我們首先要搞清楚什麼是一次分配、二次分配，以及為什麼要做一次分配、二次分配。我們先來看一道幾乎無人能解的經濟學難題：如何兼顧公平和效率？

我舉個例子。

老王和小張都是玉石匠人，他們將那些品質不同的玉石雕刻成價值不等的藝術品，然後賣錢。我們知道，同一個匠人，用通體晶瑩剔透的寶玉雕刻出來的成品，比用滿是裂紋、斑點的碎石雕刻出來的成品更值錢。我們也知道，同一塊玉石，如果由真正的藝術大師雕刻，成品會比年輕的新手學徒雕刻出來的成品更值錢。

玉石品質和匠人手藝是乘數關係，用公式表示，就是：

成品價值＝玉石品質×匠人手藝

為了便於理解，我們用數字來表示玉石品質和匠人手藝，數
字越大，表示品質和手藝越好。現在有兩塊玉石，一塊是碎石，
品質是3；一塊是寶玉，品質是9。有兩位匠人，一位是小張，手
藝是2；一位是老王，手藝是8。請問，應該讓誰來雕刻哪一塊玉
石？

讓老王雕刻寶玉？好。我們算一下這個方案的成品總價值，
也就是兩人的總收入：

9（寶玉）×8（老王）＋3（碎石）×2（小張）

＝72（老王的收入）＋6（小張的收入）

＝78（兩人總收入）

在這個方案中，兩人總收入為78。不錯。但對這個結果，小
張非常不滿意：「差距太大了吧。憑什麼老王拿72，我拿6？這
不公平。我不服氣。我也要雕寶玉！」

那麼，讓小張雕刻寶玉？好。我們也來算一下這個方案的成
品總價值，也就是兩人的總收入：

3（碎石）×8（老王）＋9（寶玉）×2（小張）

＝24（老王的收入）＋18（小張的收入）

＝42（兩人總收入）

在這個方案中，小張的收入上漲了12，與老王的收入十分接近。但代價是，兩人的總收入下降了36，只有42了！與上一個方案相比，這幾乎算得上是斷崖式下跌了。

那麼請問，你會把寶玉給老王雕刻，還是給小張雕刻？

從本質上來說，這個問題問的是選擇公平，還是選擇效率。

公平是指收入分配追求相對平等。

把寶玉給小張雕刻，兩個人的收入相對平等。老王能力強，收入24。小張能力差，收入少點，但也有18。24和18差不了太多。這就是公平。

但是，這樣的公平在一定程度上犧牲了效率。小張雖然滿意了，但社會總財富從78跌到了42，經濟發展被嚴重拖慢了。

效率是指以最小投入獲得最大產出。

把寶玉給老王雕刻，能獲得最大的產出。因為老王的才華使他能把寶玉的價值發揮到極致，整體收入因此從42暴增到78。把資源配置給用得最好的人，社會財富才會實現最大化。而最優化資源配置，提升總體效率，這正是經濟學研究的目的。

這也是為什麼諾貝爾經濟學獎獲得者、新制度經濟學奠基人羅納德·哈里·寇斯（Ronald Harry Coase）說：「資源，總會落到用得最好的人手裡。」

但是，這樣的效率在一定程度上犧牲了公平。社會總財富的確實現了最大化，但小張「被平均了」。小張的財富增加速度遠低於老王，貧富差距越來越大。效率的紅利，沒有公平地降臨。

現在你大概會明白我為什麼要講老王和小張的故事了。因為今天的資本和科技都掌握在「老王」手裡，他帶來了效率，但也「消滅你，與你無關」地把小張甩在了身後。

而線下小賣家、計程車司機、高速公路上的收費員、家門口的菜販、不會用移動支付的老人，就是「小張」。他們也熱切地盼望著社會的進步，但總覺得自己被進步拋棄了。

那怎麼辦呢？

我們只能咬咬牙接受。資本和科技必須透過市場流通到最會使用它們的「老王」手裡，因為只有這樣，我們才能「做大蛋糕」。

這就是一次分配，一次分配是生產要素的分配。

這之後，還要進行二次分配。

你一定對個人所得稅很熟悉。你的收入越高，個人所得稅的稅率就越高。累進增高的個人所得稅制度以削峰填穀的方式，把

經濟增長的整體紅利相對平等地「二次分配」給更多人。

　　怎麼二次分配？透過失業救濟、再就業培訓、減免低收入人群的稅費、提供更多便宜的社會服務甚至現金補助等手段，把部分社會財富分給「小張」，以求一定程度上的公平。

　　漸漸地，大家形成了一種共識：一次分配負責效率，二次分配負責公平。一次分配、二次分配各司其職。

　　那三次分配呢？

　　三次分配就是在自願的原則下，部分人以募集善款、捐贈、資助、義工等慈善與公益方式，把自己擁有的資源和財富分配給需要的人。這是對前兩次分配的補充。

　　指數增長和冪律分佈其實就是一體兩面，是一件事情。但是，指數增長這一面會帶來經濟增長，冪律分佈這一面會帶來貧富差距。這是一道難解的數學題，讓人頭疼。

　　從社會層面來說，絕大多數國家都在用「三次分配」這種解法。這可能是目前已被驗證的最有效的解題思路了。

　　而作為個人，作為創業者，當你面對一體兩面的指數增長和冪律分佈時，應該怎麼辦呢？

　　你要做的最重要的事情就是選擇賽道。

選擇賽道

有一次，我的一位朋友像發現新大陸一樣激動地對我說：「潤總，我發現，到今天為止，餐飲業都沒有一家公司能占據全國5%以上的市場份額，但在網際網路行業，一家公司就能占據70%的市場份額。這說明餐飲業還有巨大的機會啊。據相關統計，餐飲業的市場規模在4萬億元左右，如果我用做網際網路公司的方法進入餐飲業，也幹到占據70%的市場份額，那不就能做成一家年營收將近3萬億元的公司？比華為還大好幾倍啊！」

他激動萬分。

但是，他用做網際網路公司的辦法真的能做成一家年營收近3萬億元的餐飲公司嗎？

你知道今天中國最大的餐飲集團是哪一家嗎？

不是海底撈，是一家叫作「百勝中國」的公司。如果你沒有聽說過百勝中國，你一定聽說過它旗下的品牌：肯德基、必勝客、小肥羊等。百勝中國的年營收是600億元左右，中國餐飲業總規模約為4萬億元，百勝中國的年營收約占中國餐飲業總規模的1.5%。

百勝中國已經是非常龐大的餐飲帝國了，而且，如果你去研究它的管理方法，會發現簡直令人歎為觀止。但是，即便如此，它依然只占中國餐飲市場1.5%的份額。而在網際網路行業，如

果你的公司只占1.5%的市場份額，你都不好意思和人家打招呼。

為什麼會這樣？因為餐飲市場天生是一個趨於分散的市場。

百勝中國是一家上市公司，所以有「資本」的加持；百勝中國借助網際網路的力量做了大量創新（會員制、外賣等），所以也有「科技」的賦能。但是，到最後，肯德基的每一塊炸雞仍需要被具體的人炸出來，每一盒漢堡仍需要被具體的人包起來。雖然有資本和科技的加持，但是對於年營收600億元的百勝中國來說，更重要的卻是「勞動力」。

你猜百勝中國有多少員工？根據2021年的統計，總共有44萬員工。

你管理40名員工時，是不是已經覺得很難了？管理400名員工就更難了。管理4000名、4萬名呢？百勝中國管理的是44萬名員工。如果要做到6000億元年營收，占中國餐飲市場15%的份額，百勝中國可能需要440萬名員工，甚至更多。

科技公司華為2021年的年營收是6300多億元，但是你猜華為有多少員工？13.1萬人（截至2021年12月31日）。科技公司用約13萬名員工做到6300多億元收入，而餐飲業要做到同樣的收入，需要400多萬名員工。到目前為止，地球上還沒有一家公司能管理400萬名員工。目前員工數量最多的公司是沃爾瑪，大約230萬

人。

在餐飲業這樣一個以勞動力為主要生產要素的行業，幾乎不可能出現占據10%以上市場份額的巨頭。換句話說，在餐飲業，創業公司的收入可能並不遵循冪律分佈，而是遵循正態分佈。

所謂正態分佈，就是差的有，但很少；好的也有，就像百勝中國，但也不多；大部分都在中間。

餐飲業之所以會呈正態分佈，是因為其最重要的生產要素是勞動力，資本和科技只能發揮輔助價值。而勞動力的前後關聯性很弱，所以，餐飲業的財富分配很均衡，誰也不可能贏家通吃。

其實不只是餐飲業，整個服務業都是如此，比如理髮、維修、美容、醫療等。對所有服務業來說，最重要的生產要素都是勞動力，所以，這些行業裡的財富分配都遵循正態分佈。

那麼，你會進入哪個行業，選擇哪條賽道？是餐飲業，還是網際網路行業？

這是一個非常重要的戰略選擇。在數學規律的作用下，餐飲業符合正態分佈，呈「鐘形」，而網際網路行業符合冪律分佈，呈「尖刀形」，如圖4-5所示。

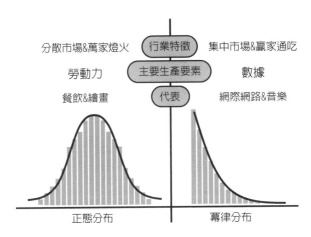

圖4-5　「鐘形」正態分佈與「尖刀形」冪律分佈

　　理解了數學裡的指數和冪之後，你才會明白，「打打殺殺」都是小事；選擇在哪裡「打打殺殺」，才是大事。

　　有些餐飲業創業者向我抱怨行業的資本化水準、科技化水準不高，我對他們說：你應該感謝這個行業的資本化水準、科技化水準不高，因為如果這兩個有指數增長特徵的生產要素的重要性越來越大，你所在的行業必然會進入贏家通吃的狀態。你確定你會成為那個通吃的贏家嗎？正是因為餐飲業是勞動力屬性特別強的行業，財富極度分散，才容納了芸芸眾生，萬家燈火。

　　如果你讀到這裡，還是堅持自己的想法：我還是想進入有指數增長特徵的行業，站在冪律分佈食物鏈的頂端，做點轟轟烈烈

的事。

很好，那我給你一個非常重要的建議：跨越奇異點
（Singularity）。

▌跨越奇異點：長期主義的本質

有一個農民為地主打工，地主說：「我每個月給你一石米。」

這個農民正好聽過舍罕王和達依爾的「小麥棋盤」的故事，於是，他對地主說：「我有一個大膽的想法，你第1天給我1粒米，第2天給我2粒米，第3天4粒，第4天8粒……就這樣每天翻一倍，可好？」

地主想，這農民一定是腦子有毛病，於是就答應了。農民大喜過望。

到第7天，農民餓死了。

這個故事的結局有點出人意料，但是背後的道理卻簡單而深刻。

這涉及一個重要的數學概念——奇異點。

假設一碗飯大約有3000~4000粒米，一個農民一天要吃3碗飯，也就是每天需要1萬粒米才能活下來，那麼，很顯然，前幾天他得到的米是不夠活命的。那到第幾天才夠活命呢？

第1天1粒米，第2天2粒米，第3天4粒米，顯然是不夠吃的。到了第14天，農民可以得到8192粒米，勉強夠吃。第15天，農

民得到16,384粒米，終於有結餘了。所以，前14天，農民都在「虧」；直到第15天，才開始「賺」。第15天，就是農民扭虧為盈的「奇異點」。在這個奇異點之前，農民如果沒有其他的食物來源，是會餓死的。可一旦過了這個奇異點，農民就能獲得難以想像的收益。農民的奇異點與收益變化如圖4-6所示。

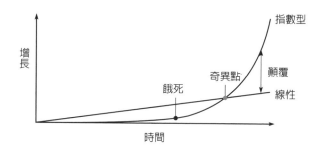

圖4-6　農民的奇異點與收益變化

奇異點之前餓死，奇異點之後顛覆，所以，一定要跨越奇異點。

那怎樣才能跨越奇異點呢？找到投資人。這是我給所有希望獲得指數增長的創業者的第一條建議。

尋找投資人

農民想找投資人，可是，投資人為什麼要幫他？

　　農民可以對投資人說：「在未來的14天，你要確保我每天都能吃飽。我死不了，對你來說是巨大的財富。因為從第15天開始，我會把我從地主那裡拿到的糧食，分給你30%。」

　　我們來看農民的「商業計畫」，如表4-1所示。

表4-1　農民的「商業計畫」

天數	1	2	3	4	5	6	7	8	9	10	11	12	13	14	15	16	17	18	19
得到糧食	1	2	4	8	16	32	64	128	256	512	1024	2048	4096	8192	16384	32768	65536	131072	262144
吃掉糧食	10000	10000	10000	10000	10000	10000	10000	10000	10000	10000	10000	10000	10000	10000	10000	10000	10000	10000	10000
投資糧食	9999	9998	9996	9992	9984	9968	9936	9872	9744	9488	8976	7952	5904	1808	共計投資：123617粒				
收益糧食	共計收益：152371.2粒														4915.2	9830.4	19660.8	39321.6	78643.2

按照這個「商業計畫」，前14天，農民一共吃了投資人123,617粒米，但是從第15天開始，投資人從5天的30%分成中就能收穫152,371.2粒米，收回所有投資。之後，投資人所得到的就是巨額的純收益了。

在一個指數增長型的創業模型裡，投資人至關重要。不拿投資的指數增長企業幾乎是不存在的。

反過來說，只有指數增長型的創業模型，才能滿足大部分投資人的胃口。

為什麼？

《2022年世界不平等報告》中的全球財富分佈圖（見圖4-1）顯示，全球1%的人擁有38%的財富，10%的人擁有75%的財富，而排在最後的50%的人只擁有2%的財富。這段話可以總結為一張表，如表4-2所示。

表4-2　全球財富分佈比例

人群	人口占比	擁有財富	回報率
A	1%	38%	38
B	9%	37%	4.1
C	40%	23%	0.6
D	50%	2%	0

　　如果你是一個投資人，你投中的是C類和D類人群，那麼，哪怕他們占90%的比例，你仍然是虧的。你要投中B類以上人群（前10%）才有的賺。而只有投中了A類人群（前1%），才能賺大錢。

　　這個表中的「回報率」，指的並不是真實的投資回報率，而是財富和人口關係的一個示意。這個示意能說明為什麼投資人只會投有指數增長特徵的企業，因為只有它們有潛力成為頭部1%的A類公司。

　　因此，我給創業者的第二個建議，就是尋找有指數增長特徵的行業。

尋找前後相關性突出的商業模式

　　我們說過，指數增長背後的數學邏輯是前後相關性，而前後相關就是「小麥棋盤」公式裡的「增長因數」。

$$後一年＝前一年×（1＋20\%）$$

　　這個公式裡的增長因數是（1＋20%），也就是年增長率20%。對一個期待指數增長的企業來說，增長因數（或者說年增長率）越大越好。

　　那麼，年增長率到底要達到多少，企業才能被稱為指數增長

型企業呢？

《指數型組織》[18]給出了一個指導意見：4~5年收入翻10倍。

4~5年收入翻10倍，意味著年增長率在60%~80%，而且是連續的。這個增長率只可能來自資本和科技，而不會是勞動力。

那麼，勞動密集型行業、服務業就不能獲得指數增長了嗎？

也可以。這時，你要做的關鍵一點是：把勞動力密集的部分交給別人去做，自己只做資本和科技的部分。

我舉個例子。

我有一個朋友是開美容院的，她開了很多家美容院，但是覺得越來越累，增長也很慢。於是，有一天，她決定不開美容院了，而是轉型去幫別人開美容院。

她找到那些想開美容院的人，為他們提供技術、經驗以及70%的資金，同時要求獲得30%的分紅。美容院老闆一聽：這樣好啊，自己出得少，分得多。

但是，她提了一個條件：必須用她的美容產品。美容院老闆覺得這很合理，於是就接受了。

後來，這家美容院賺錢了。這時，老闆有想法了：她什麼也

18　伊斯梅爾、馬隆、范吉斯特等。指數型組織：打造獨角獸公司的11個最強屬性。蘇健譯，杭州：浙江人民出版社，2015。繁體版：商周出版，2017。

不幹就分走30%，不值得。於是，我的這個朋友說：「你可以把我的股份買回去。以後賺的錢，都是你自己一個人的。但還是那個條件，美容產品必須用我的。」美容院老闆覺得很合理，於是就把股份都買回去了。

　　就這樣，我的這個朋友孵化了很多家美容院，打造了一個美容連鎖品牌，她的經營結構也因此發生了變化，如圖4-7所示。

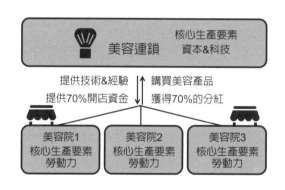

圖4-7　美容連鎖品牌的經營結構

　　觀察這個經營結構，你會發現，美容院是能賺錢的，但是，它們是靠勞動力這個生產要素賺錢的。而我這個朋友的美容連鎖品牌呢？單純地靠資本和科技掙錢。所以，即使在服務業，這家公司也獲得了指數增長。

做時間的朋友,等待奇異點到來

我給創業者的第三個建議,也是最後一個建議,是耐心地等待奇異點到來。

提問:水草每天生長一倍,占滿水池需要21天。請問,水草占滿一半水池,需要多久?

答案是20天。

指數增長的一個重要特點是「大器晚成」。因為奇異點來得很晚,可一旦來到,就勢不可擋。

農民的奇異點在第15天來臨。到第15天,過了奇異點,地主給的糧食就夠農民一天吃的了,從此之後,農民越來越富有。

亞馬遜的奇異點在第20年來臨。到第20年,過了奇異點,亞馬遜開始賺錢了。從此,亞馬遜一飛沖天。根據2021年《財富》世界500強排行榜,亞馬遜的年淨利潤是213億元,位居第16位。

巴菲特說:「我一生中99%以上的財富,都是在50歲以後獲得的。」巴菲特從11歲開始投資,直到50歲才迎來了他的奇異點。有一次,貝佐斯問巴菲特:「你的投資體系這麼簡單,為什麼別人不做和你一樣的事情?」巴菲特回答:「因為沒有人願意慢慢變富。」

所以,獲得指數增長的關鍵是耐心。要堅持做正確的事情,做時間的朋友。

人們用很多說法來勸誡你要有耐心，比如長期主義，比如做時間的朋友，比如複利效應，比如增強迴路，比如飛輪效應，比如馬太效應，比如長坡厚雪。

但是，你首先要確認擺在你面前的是一副「小麥棋盤」，而不是「智商棋盤」。

如果你確定你是在「小麥棋盤」上下棋，那麼，長期主義就是正確的策略，就像王興做美團，就像貝佐斯經營亞馬遜，就像巴菲特堅持價值投資。

結語

祝你找到一塊屬於你的「小麥棋盤」，然後用一生的時間堅守長期主義。

這一章，我用「指數」和「冪」這兩個數學概念，幫你看清這個「不平等」的世界的底層邏輯。

這個世界，從來都不是「一分耕耘，一分收穫」。「多者更多，少者更少」，才是世界的正常狀態。

但是，我用一章的篇幅來討論「指數」和「冪」，並不僅僅是為了幫你「看」清這個世界的遊戲規則，更是為了幫你「選」對自己的賽道，然後下場。

你可以選擇符合正態分佈的賽道，那裡芸芸眾生，萬家燈

火；你也可以選擇符合冪律分佈的賽道，那裡贏家通吃，生生滅滅。然後，在你的賽道裡，做時間的朋友。

　　祝你不管選擇哪條賽道都有收穫。

第 5 章

**變異數與標準差
理解群體的差異性，管理更高效**

先和你講兩個故事。

第一個故事關於大學。有一所大學特別厲害，叫深圳大學。深圳大學各方面都很優秀，尤其學生畢業後的收入高得嚇人，1993屆畢業生的平均身價過億。請問，深圳大學是怎麼做到的？

第二個故事關於河流。有一個趕路人被一條河擋住了去路，河上沒有橋，繞過去要很遠。趕路人想：如果這條河不深，乾脆蹚水過去算了。他問當地人這條河有多深，當地人說：「不深，平均1.5米吧。」趕路人想：我1.8米高，那沒事。於是，他便蹚水過河，不幸卻被淹死了。請問，這個趕路人是怎麼淹死的？

先公佈第二個故事的答案：這個趕路人其實是被「平均」這兩個字淹死的。

平均1.5米深的河，當然不可能每個地方的深度都是1.5米，可能有的地方1.6米深，有的地方1.4米深，有的地方0.4米深，有的地方3米深……趕路人就這樣不幸被淹死了。

過河不能問「平均」，只能問「最深」。

那深圳大學1993屆畢業生的平均身價過億是怎麼回事呢？是因為這一屆有馬化騰。馬化騰身價幾千億元，被他一平均，這一屆畢業生都是億萬富翁。

「平均」身價過億，不是「人人」身價過億。

平均是我們在日常生活和商業世界中經常使用的一個詞。有

時我們感覺平均是有意義的，有時我們又感覺「被平均」了，為什麼？

　　這是因為平均是描述群體共性的數學概念，但是，在這個非線性世界裡，個體的差異（比如我的收入和馬化騰的收入）實在太大了，因此，有時研究一個群體的差異性比研究其共性更重要。比如，在貧富差距、員工收入結構、品質管制等經濟和商業問題中，深刻理解群體的差異性比理解它們之間的共性重要得多，對指導企業經營也更有意義。

　　那麼，如何才能深刻理解群體的差異性，並指導企業經營呢？

　　你需要兩個重要的數學工具：變異數與標準差。

量化差異性，讓管理變簡單

　　變異數（variance）和標準差不是顯而易見的概念，但是，它們對你從更底層的邏輯理解和學習經營管理非常重要。所以，請允許我花一點時間，先從數學上解釋一下這兩個概念。

　　我們假設有兩組數據，一組叫X，一組叫Y，每組各5個數據，如表5-1所示。

表5-1　X組數據與Y組數據

	1	2	3	4	5	平均數
X	50	100	100	60	50	72
Y	73	70	75	72	70	72

　　首先，這兩組數據的「共性」，也就是平均數，都是72。雖然平均數相同，但是，顯然這兩組數據大不相同。如果這兩組數據是工資，你不能因為它們的平均工資都是72，就說X公司和Y公司的待遇差不多。

　　差多了。但是差多少呢？這時，我們要找一個辦法來量化它們之間的差異性。只有量化了，才有比較的可能。

你說A跳水很厲害，B跳水也很厲害，我問：那誰跳水更厲害？如果沒有量化，你只能說「都很厲害」。所以，差異性必須量化，量化是比較的基礎。

怎麼量化？

變異數

X公司的第1個員工，工資是50萬元，而這家公司的平均工資是72萬元，所以，他與平均工資的差異是-22萬元（少22萬元）。第2個員工的工資和平均工資的差異是28萬元（多28萬元）。第3個、第4個、第5個員工的工資與平均工資的差異分別是28萬元、-12萬元、-22萬元。Y組同理。如表5-2所示。

表5-2　各個數據與平均數之間的差異

	1	2	3	4	5	平均數
X	50	100	100	60	50	72
X組差異	-22	28	28	-12	-22	0
Y	73	70	75	72	70	72
Y組差異	1	-2	3	0	-2	0

透過表5-2，你一眼就能看出，X公司的員工工資與平均工資之間的差異比Y公司大很多。

但是，這只是直覺的感受。能不能透過這組個體差異性數據算出群體差異性指標呢？能，這就需要用到變異數了。

計算變異數有兩個步驟：先平方，平方的目的是去掉負號；再平均，平均的目的是得到差異性。我把公式列在下面，對計算無感的，可以略過。

X組變異數計算公式： $[(-22)^2 + (28)^2 + (28)^2 + (-12)^2 + (-22)^2] / 5 = 536$

Y組變異數計算公式： $[(1)^2 + (-2)^2 + (3)^2 + (0)^2 + (-2)^2] / 5 = 3.6$

現在，我們來看一下X組數據和Y組數據的變異數，如表5-3所示。

表5-3　X組數據和Y組數據的變異數

	1	2	3	4	5	平均數	變異數
X	50	100	100	60	50	72	536
X組差異	-22	28	28	-12	-22	N/A	N/A
Y	73	70	75	72	70	72	3.6
Y組差異	1	-2	3	0	-2	N/A	N/A

　　X公司員工工資的變異數（員工工資之間的差異性）是536，而Y公司員工工資的變異數是3.6。顯然，X公司員工工資的差異性比Y公司大得多。用數學語言來說，變異數為536的這組數據（不管這組資料是工資數據、身高數據還是打靶資料）更分散，而變異數為3.6的這組數據更集中。

　　有了變異數這個工具，就算現在擺在你面前的是1萬家公司的資料，你也能給它們先打分，再排序，然後準確地說出任何兩家公司誰的工資更分散，誰的工資更集中。

　　這就是量化的作用。

　　如果你是一個正在找工作的求職者，你會去工資更分散的X公司，還是工資更集中的Y公司？如果你是一個創業者，你希望自己管理的是哪一家公司？

　　變異數是非常好的用來衡量數據差異性的工具。但是，因為計算變異數的過程有「平方」的操作，所以，變異數和原數據已經不是一個單位了。如果原數據的單位是「元」，那變異數的單位就是「平方元」了；如果原數據單位是「千克」，那變異數的單位就是「平方千克」；如果原數據單位是「釐米」，那變異數的單位就是「平方釐米」了；如果原數據單位是長度單位，那變異數的單位就變成面積單位了。因此，雖然變異數能顯示差異性，但是我們無法在變異數和原數據之間進行進一步分析和計

算。

這時，我們就要引入另一個數學概念了，那就是「標準差」。

標準差

標準差，就是變異數的平方根。

X組資料的標準差是≈23.15，Y組資料的標準差是≈1.90。

一旦開了平方，標準差的單位就重新回到了「元」「千克」「釐米」，回到和原資料同一維度上，也就有了更多計算和分析的可能。比如，有了標準差，我們就可以說X公司的平均工資是72萬元，有23.15萬元左右的波動；Y公司的平均工資也是72萬元，有1.90萬元左右的波動，如表5-4所示。

表5-4　X組數據和Y組數據的標準差

	1	2	3	4	5	平均數	變異數	標準差
X	50	100	100	60	50	72	536	23.15
X組差異	-22	28	28	-12	-22	N/A	N/A	N/A
Y	73	70	75	72	70	72	3.6	1.90
Y組差異	1	-2	3	0	-2	N/A	N/A	N/A

這樣的表述更直覺，所以，在實際應用中，標準差的使用場景遠遠多於變異數。

比如，在正態分佈中常使用標準差。

我舉個例子。

我的朋友總是評價我「特別勤奮」，可是，你知道我為什麼這麼勤奮嗎？因為一段苦澀的回憶。

小時候我覺得自己挺聰明的，看到另一些聰明人，總想比一比。有一次，我在網上看到這個世界上居然有一個「聰明人俱樂部」叫門薩俱樂部（Mensa Club）。這個俱樂部不看身高，不看顏值，不看財富，只看你是不是聰明。只要你聰明，再醜都能入會。如果你不聰明，再有錢都會被拒之門外。

瞭解到有這個俱樂部之後，我大喜過望，心裡隱隱覺得：我這種醜人的春天來了。

於是，我找到門薩俱樂部的負責人，說我要入會。

負責人扔了一個連結給我，讓我先做一套題，對我說：「成績高於135，你再來找我吧。」門薩俱樂部的入會門檻是智商130，這套題比真實的門薩俱樂部入門考試題更簡單。於是，我信心滿滿地開始做題。45分鐘後，結果出來了……我的整個世界崩塌了。我不信！於是，我又做了一遍，分數一模一樣。

過了很久，我才能接受現實：原來，我不是一個聰明人。以

前覺得自己挺聰明，只是一個美麗的誤會。怎麼辦？不是說「勤能補拙」嗎？那我就只能勤奮了。

可是，到底多聰明才能達到門薩俱樂部的入門門檻呢？智商130到底是什麼概念？

這時，我們需要用到「標準差」這個數學工具。

我在第1章中說過，下一代的智商受上一代的影響很小。對下一代的智商影響更大的，是大量獨立的隨機因素。所以，一個人的智商是高是低，只能碰運氣。

受大量獨立隨機因素影響的事情，想要太好特別難，想要太差也不容易，大部分都集中在不太好也不太差的中間位置。如果畫成一張圖，就是「鐘形」（見圖4-5）。人類的智商分佈也呈「鐘形」，大部分人集中在中間，左右則很少，極端的就更少了。

假設現在我出一套題，這套題很難，而且限時完成，所以沒有人能全部做對。我把所有參加測試者的正確率從低到高排序，然後把正好位於中間的那個人的成績定義為100分。

做出多少道題，不重要。正確率是多少，也不重要。只要你的正確率在全人類中位於正中間，那麼，你就是100分。換句話說，這個世界上其實有一半的人智商不到100。

你可能會想：我和朋友們在微信裡做過一些智商測試，分數

都挺高啊。這當然有可能是因為你和你的朋友們智力超群，但也有可能是那個測試不可信。很多測試都是為了討好你而設計的，因為它需要你的轉發。如果分數低，你可能就不轉發了。

100分是平均分。韋氏智力量表（Wechsler Intelligence Scale）把15分定義為一個標準差，於是，按照正態分佈的規律，人類的智商分佈大概是：

◇ 68.27%的人，智商為85~115（100±1個標準差）；

◇ 95.45%的人，智商為70~130（100±2個標準差）；

◇ 99.73%的人，智商為55~145（100±3個標準差）。

按照這個分佈來計算，全球大概有約2.28%的人符合門薩俱樂部智商130的入門門檻。也就是說，門薩俱樂部的標準是五十挑一。

我有一個朋友是門薩俱樂部成員，她的智商是145。這意味著，她的智商處於全球前0.14%，相當於千裡挑一。

這就是標準差，標準差是用來衡量群體差異性的重要工具。

▌縮小該縮小的差異性

上一節，我分享了如何使用「變異數」和「標準差」來測量資料的差異性。這一節，我們要正式開始討論這些測量差異性的辦法對經營企業、管理團隊、製造產品有什麼意義。

其實，很多時候，管理就是縮小該縮小的差異性。

這句話聽上去有點讓人摸不著頭腦：什麼叫縮小「該」縮小的差異性？什麼差異性是「該」縮小的？

很多。我們甚至可以說，大部分管理工作其實都是在縮小差異性。

開車還是坐地鐵

今天，你公司最重要的客戶來訪。他要對你公司進行考察，以此來決定未來一年是否合作。這對你公司至關重要，甚至影響到公司的生死存亡。

但是，不巧的是，早上起床後，你家裡發生了一件非常緊急的事情，你不得不處理。處理完後，你一看表，發現離客戶到公司只有110分鐘了，而此時你還沒出門。怎麼辦？

你必須想盡一切辦法，儘快趕到公司。現在你有兩個選擇：

開車或者坐地鐵。根據以往的經驗，不管是開車還是坐地鐵，從你家到公司都是平均72分鐘。看上去來得及啊，那選開車或者坐地鐵都可以吧？

這時，敏感的你一定注意到「平均72分鐘」裡可怕的「平均」二字了。

管理特別怕「平均」，這兩個字就像美顏相機裡的磨皮功能一樣，磨平了所有差異。

我們來看看開車和坐地鐵「平均72分鐘」的差異性。正好，你統計了前幾次從家去辦公室的數據，如表5-5所示。

表5-5　前幾次抵達辦公室的數據

	1	2	3	4	5	平均數	變異數	標準差
開車	50	100	100	60	50	72	536	23.15
開車差異	-22	28	28	-12	-22	N/A	N/A	N/A
坐地鐵	73	70	75	72	70	72	3.6	1.90
坐地鐵差異	1	-2	3	0	-2	N/A	N/A	N/A

剛剛複習過平均數、變異數、標準差的你立刻就能理解：雖然平均時間都是72分鐘，但是開車單次抵達時間的差異性比坐地鐵大得多。開車的標準差是23.15分鐘，而坐地鐵的平均差是1.90分鐘。

　　根據上一節講的正態分佈，開車抵達辦公室的時間有68.27%的可能性會在平均值±1個標準差範圍內，即72±23.15分鐘，也就是48.85~95.15分鐘。而坐地鐵呢？有68.27%的可能性會在72±1.90分鐘之內到，也就是70.10~73.90分鐘。

　　開車最多需要95.15分鐘，坐地鐵最多需要73.90分鐘，而你有110分鐘，所以，看上去還是都可以啊，雖然開車時間稍微緊張了一點。

　　但是，你要注意，這是一個標準差。一個標準差的機率範圍是68.27%，還有31.73%的機率比這個時間範圍早或者晚。如果早到，那麼算賺了，但還有約15.87%的可能性是要遲到的。你能接受嗎？你能接受有約15.87%的機率公司會倒閉嗎？

　　好像不行。有約15.87%的機率公司會倒閉，這太刺激了。

　　好，那我們試試2個標準差。

　　2個標準差意味著開車抵達辦公室的時間有95.45%的可能性在72±46.30分鐘範圍內，也就是25.70~118.30分鐘。你看，當你追求大約95%的確定性時，只能保證在118分鐘內抵達。但是會議110分鐘後就開始了，所以，這個時間是不可接受的。

　　而坐地鐵有95.45%（2個標準差）的可能性在68.20~75.80分鐘內抵達辦公室。如果你還是不放心，想有99%的確定性呢？別擔心，坐地鐵有99.73%（3個標準差）的可能性在66.30~77.70分

鐘內抵達辦公室。你永遠可以相信地鐵。

開車與坐地鐵在標準差範圍內波動的抵達時間如表5-6所示。

表5-6　開車與坐地鐵在標準差範圍內波動的抵達時間

	可能性	開車	坐地鐵
1個標準差的波動	68.27%	48.85～95.15分鐘	70.10～73.90分鐘
2個標準差的波動	95.45%	25.70～118.30分鐘	68.20～75.80分鐘
3個標準差的波動	99.73%	2.55～141.45分鐘	66.30～77.70分鐘

同樣是平均72分鐘抵達辦公室，開車導致公司倒閉的風險很大，而坐地鐵，看上去除非有突發事件，否則怎麼也不會遲到。

所以，我們說坐地鐵的「品質」比開車高。

品質的本質就是標準差

為什麼要讓大家重新理解標準差這個數學概念？

因為只有理解了標準差，我們才能真正理解「品質」這個詞在數學意義上的本質。

所謂「品質」，就是標準差；而所謂「品質高」，就是標準差小。

假設你是一家手機品牌商，新開發了一款前置鏡頭手機，需要打孔玻璃，孔的直徑是7.2毫米。這款手機對你來說非常重要，所以你找了兩家代工廠（X工廠、Y工廠）試樣。

很快，兩家工廠各交回5塊打好孔的樣品，並告訴你：孔直徑正好是平均7.2毫米。又見「平均」，心有餘悸的你非常謹慎地測量了每一塊玻璃，發現資料居然各不相同，如表5-7所示。

表5-7　X工廠和Y工廠的樣品資料

	1	2	3	4	5	平均數	變異數	標準差
X工廠	5	10	10	6	5	7.2	5.36	2.32
X工廠差異	-2.2	2.8	2.8	-1.2	-2.2	N/A	N/A	N/A
Y工廠	7.3	7	7.5	7.2	7	7.2	0.036	0.19
Y工廠差異	0.1	-0.2	0.3	0	-0.2	N/A	N/A	N/A

看了這組資料，你一定會立刻覺得：X工廠真是坑人啊，5毫米、10毫米、10毫米、6毫米、5毫米，沒有一個資料在7.2毫米附近。你一算，發現標準差是2.32毫米。

你對手機進行了一定的容錯設計，孔直徑為7.2±0.3毫米都可以安裝，但是X工廠的產品標準差實在太大，以至於沒有一個樣品在容錯範圍內，都不能使用。

　　而Y工廠的樣品中，最小的資料是7毫米，最大的資料是7.5毫米，都在7.2±0.3毫米的容錯範圍內。再一算，標準差果然很小，只有0.19毫米。所以，Y工廠的打孔玻璃都可以用。

　　你會和哪一家工廠合作？當然是Y工廠。因為X工廠的標準差太大，以至於最後的良品率是0，而Y工廠的標準差控制得很好，良品率是100%。同樣是生產打孔玻璃，顯然，Y工廠生產的打孔玻璃質量更高。

　　所以，什麼樣的產品品質更高？標準差更小的產品品質更高。因為標準差越小，產品品質越穩定；產品品質越穩定，產品品質也就越高。

　　為什麼商用產品通常比家用產品貴，比如家用數據機售價是500元，而商用數據機售價卻是1000元？是因為商用數據機用了更漂亮的鋁合金外殼嗎？不是。是因為商用數據機核心元件的標準差更小，性能更穩定，品質更高。

　　把10,000個品質更高的核心元件放在一起，你會發現它們的規格、性能、穩定性幾乎完全一樣，你遇到故障的機率接近於零。這樣的數據機在公司運行一年，你幾乎感覺不到它的存在。而家用數據機由於受到價格的限制，採用的核心元件通常更便宜，所以穩定性不高，幾天就要重啟一下。這樣的數據機在家裡用一用是可以接受的，但是在公司裡沒法用，因為公司的數據機

一旦壞了，幾百人就沒法幹活了。

所以，公司採購數據機時，會買品質更高的。

但是，品質更高的數據機通常也會更貴，因為把標準差控制在更小的範圍內要付出更高的成本，比如要安裝更加精確操控的機械手臂、更加精準控制的傳送帶、更加精密的測量標準元件等。貴的不一定品質高，但是品質高的通常都很貴。

同樣，為什麼軍用產品通常比商用產品更貴？

因為軍用產品對標準差的要求更高。某個供應商做了一批防彈衣，想賣給軍方。供應商說：「我們這個防彈衣的厚薄不均，標準差有點大，100件裡面可能會有2~3件擋不住子彈。但是別擔心，我們的便宜。」你猜軍方會買嗎？軍方可能會讓供應商穿上自己做的防彈衣，一件件進行實彈測試，直到把那2~3件擋不住子彈的防彈衣找出來。

所以，作為創業者，我們不僅要研究這一次如何「做得不一樣」，更要研究每一次如何「做得都一樣」。

縮小產品的標準差，是創業者永恆的課題。

其實，不僅產品如此，個人也是如此。

什麼樣的人「品質」更高？標準差更小的人，「品質」更高。

某人參加了五場比賽，五次得分分別是50分、100分、100

分、60分、50分。那麼，這個人的比賽成績「品質」不高。就算「拿過兩次100分」這件事能吹一輩子，我們也不能送他去參加真正重要的賽事，他不是一個「比賽型選手」。

這個人可能會覺得很委屈：為什麼啊？我只是沒發揮好而已。其實，之所以發揮不好，是因為他容易受各種獨立的隨機因素的影響，這導致他的成績波動很大。奧運選手之所以要進行大量訓練，一個很重要的原因就是訓練能讓他們學會控制那些外部微小的獨立隨機因素，讓自己的成績逐漸穩定下來。只有不受干擾、成績穩定的選手，才是能為自己和團隊贏得榮譽的「比賽型選手」。而「比賽型選手」就是成績的標準差小的選手。

員工也一樣。有時候，我們會說某個員工「很可靠」。什麼叫可靠？可靠指的也是標準差小。

你要求員工準時上班，但是，有一個員工有時早到，有時晚到。你提醒他，他卻說：「我平均準時了。」平均來看，他的確是準時的，他的工作時間並沒有減少。但是，那些重大專案，比如按火箭發射按鈕，你會讓他去做嗎？不會，因為這個員工不可靠。

主管也一樣。英文中有一個詞叫「Predictable」（可預測的），它是評價管理者的一個重要標準。我們說一個管理者「Predictable」，指的是員工總能預測老闆的決策。老闆的決策

越是可以預測，他就越是一個好老闆。

這可能和一些人的認知截然相反：啊？老闆難道不是應該英明到想法完全出乎員工的預料，但又令人拍手稱讚嗎？

不是的。出主意可以出人意料，做決策不能這樣。員工總是希望能明確地瞭解到：我做這件事情，老闆會支持還是反對？你做那件事情，會受到獎勵還是懲罰？他的那個行為，是超越了紅線，還是可被接受？

一個捉摸不定的管理者，面對同一個問題，每次的決策都不一樣，聽上去總有道理，但是彼此矛盾。高興時，小事都能誇上天；不高興時，再大的功勞都無動於衷。這樣，員工就無法預測下一次做同樣的事情會有什麼後果。這樣的管理者就是「Unpredictable」（不可預測的）。

不可預測的管理者，決策的標準差很大，讓人捉摸不透。於是，為了保護自己，員工從不自己做決定，每件事都要先問一問老闆。這樣一來，員工很辛苦，老闆更辛苦，而公司的管理效率卻很低下。

不可預測的管理者，就是不可靠的管理者。他比不可靠的員工更危險，因為不可靠的員工有人管，而不可靠的管理者常常不自知。

以後，當你聽到「差不多就行了」「大概就這樣吧」時，不

管是別人說的，還是自己說的，都要警覺。「差不多」「大概」是標準差的大敵。這麼說的人很可能是個不可靠的人。

可靠，就是想盡一切辦法降低自己的標準差，給別人以確定性。

那麼，怎樣才能降低標準差，使產品品質提高，使個人變得可靠呢？

如果你理解了品質的數學本質是標準差，你就會自然而然地明白：提高品質只有一個辦法，那就是持續改進。

持續改進

持續改進聽上去像是「雞湯」，但是，我以我數學系畢業的背景告訴你：這不是「雞湯」。

我們都知道，標準差控制不住會導致產品的差異性增大，最後品質不高。那麼，造成這一問題的根本原因是什麼？是大量獨立的隨機事件，比如員工的頭髮掉進了正在擠牛奶的罐子裡，盒子在流水線上卡住了，走路帶來的振動使打孔機鑽頭偏了0.1毫米，擰螺絲時因為疏忽少擰了半圈，等等。

這些獨立的隨機事件，理論上不可窮舉。每一個事件都會以某種方式影響產品品質，這些影響疊加起來，有的被抵消了，有的增強了，在相互作用下，它們最終變成了讓人頭疼的差異性，

也就是標準差。沒有被控制住的獨立的隨機事件越多，標準差越大，品質就越差。反過來說，對獨立的隨機事件控制得越好，標準差越小，品質就越高。

標準差控制到什麼程度才叫「好」呢？我們通常用DPPM（Defective Parts Per Million，百萬不良數）來衡量標準差控制的好壞，如表5-8所示。

表5-8　西格瑪水準與DPPM

西格瑪水準	沒有偏移		偏移1.5σ	
	合格率	DPPM	合格率	DPPM
1	68.27%	317300	30.23%	697700
2	95.45%	45500	69.13%	308700
3	99.73%	2700	93.32%	66800
4	99.9937%	63	99.3790%	6210
5	99.999943%	0.57	99.9767%	233
6	99.9999998%	0.002	99.99966%	3.4

今天，很多全球最優秀的企業都把「六西格瑪」當成自己的品質標準。這個標準非常「變態」。如果一個手機廠商一年的出貨量是1億部手機，六西格瑪的品質標準相當於只允許最多340部手機出問題。如果手機廠商的品控能達到這種程度，那它在全國

都不用設維修點了，誰買到問題手機，別修了，直接給他寄新的。

要把影響標準差的獨立隨機事件控制到這種程度，沒有任何拿來就能用的方法，只能發現一個獨立的隨機事件就消滅一個，做到持續改進。

全球最知名的持續改進方法是六西格瑪管理（Six Sigma Management）。六西格瑪管理的核心是一套被稱為「DMAIC」的管理工具。

「DMAIC」是五個英文單詞的縮寫。

D（Define，定義）：定義品質問題。

M（Measure，測量）：收集有關品質問題的測量資料。

A（Analyze，分析）：分析資料，發現導致問題的主要原因。

I（Improve，改進）：針對原因進行改進。

C（Control，控制）：監控改進結果，不斷循環。

我年輕時專門去美國學過六西格瑪管理，但我沒打算把這本書寫成六西格瑪管理的教材。如果你想學習六西格瑪管理，你可以自己找書來看，或者找課去上。在這裡，我只希望大家記住下面三句話。

第一，「變態」的品質，源於「變態」的過程管理。

　　第二，看似簡單的「DMAIC」，不斷循環，會有奇效。

　　第三，產品的穩定性比客戶的表揚信更重要，服務確定性比各種新花樣更重要。

　　那麼，是不是標準差就是一個壞東西，我們見到它就要消滅它呢？

　　也不是。

　　在品質管制上，在員工的可靠度上，在老闆的可預測性上，標準差應該越小越好（見圖5-1）。但是，在另外一些時候，差異性該擴大就要擴大。

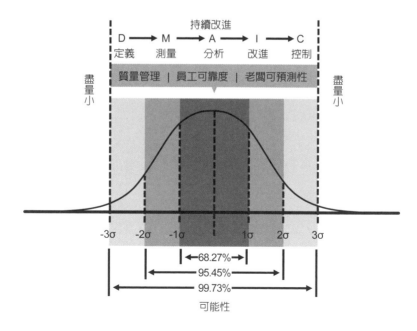

圖5-1　縮小該縮小的差異性

▍擴大該擴大的差異性

什麼時候應該擴大差異性呢？

很多科技公司尤其是外企都有一種非常重要的文化，英文叫「Diversity」，翻譯成中文是「多樣化」。從本質上來說，多樣化就是有差異性。

我剛進微軟時曾接受過培訓，培訓老師告訴我，在微軟有一個原則：上下三級不能來自同一所學校。比如我是南京大學畢業的，如果我的上級也是南京大學畢業的，那麼，我在招聘時就要儘量避開南京大學的畢業生。

第一次聽到這個原則的時候，我很震驚：這個原則也太「奇葩」了吧，畢業於同一所學校的人不是更有共同語言嗎？協作不是更順利嗎？

後來，我經常到美國出差，和一些美國同事交流時，我發現了更「奇葩」的事情。

有一個同事說，他最近很苦惱，他想招一個牛人到自己的團隊，但是人力資源說他團隊裡都是男生，新招募的員工最好是女生，讓他再看看有沒有合適的女性應聘者。

這件事同樣讓我震驚：招人難道不應該唯才是用嗎？如果適

合這個職位的大都是男生，為什麼一定要優先招募女生呢？為什麼要追求這種形式主義的差異性呢？

後來我逐漸理解了，那是因為：差異性≈創造力。

差異性≈創造力

有科學家曾經對一些不瞭解中國文化的歐裔美籍大學生做過一個試驗[19]，他們把被測試者分成四組，並分配給他們不同的任務。

第一組：看一個45分鐘的中國文化PPT；

第二組：看一個45分鐘的中美文化混搭的PPT；

第三組：看一個45分鐘的美國文化PPT；

第四組：沒有PPT。

之後，他們讓被測試者分別為土耳其兒童寫一個創造性版本的灰姑娘的故事。結果發現，第二組（也就是中美文化混搭組）的故事更有創造力。而且，這種創造力在後來的5~7天內持續增強。

這種文化差異給人帶來的衝擊，我親身感受過。

2000年，我第一次去美國。那時候，出國不像現在這麼平

---

19 黃林潔瓊、劉慧瀛、安蕾等。多元文化經歷促進創造力。心理科學進展，2018，26（8）：1511-1520

常，所以很多朋友都讓我幫他們代購商品，當時我代購最多的是滑鼠、魚油、化妝品。

週末，我到一家購物中心的化妝品專櫃，按照清單買了幾樣東西，一共是92美元。我很自然地從錢包裡拿出一張100美元和兩張1美元遞給售貨員。我非常「正常」地期待一件事：找我10美元。

但是，讓我大為震驚的事情發生了。

那位美國售貨員看著我遞給她的三張紙幣，一臉茫然。她先把2美元還給我，說「不需要」，然後把我買的東西給我，說「這些一共是92美元」。接著，她給了我一張5美元，說「97了」，再一美元一美元地數給我：「98，99，100，好了。」

我結結實實地被差異性教育了一番。

在我心目中，買92美元的商品，付給售貨員102美元，是給人方便。因為，對方只要找我10美元——一個「整數」就好了。

但是，在那位售貨員心目中，用購買商品的92美元加上找零的8美元得到的100美元才是「整數」。你給我100美元，我還你100美元，兩清。

那麼，誰是對的呢？其實，沒有對錯，只有差異。這種差異無處不在，但如果不是真的遇到了，我可能永遠不會知道，這個世界上還存在著這樣的差異。

所以，為什麼上下三級不能是同一所大學畢業的？

因為太相似。大家被同樣的校風薰陶，受同樣的價值觀影響，聽同樣的老師講課，因此，遇到問題時，大家的解題思路、決策方法甚至說的笑話都幾乎一樣，彼此之間太缺乏差異性。

那麼，對企業來說，到底應該儘量縮小差異性，還是儘量擴大差異性？這要看它處於什麼階段了，如圖5-2所示。

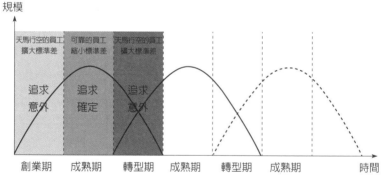

圖5-2　處於不同階段的公司對員工的要求不同

在創業期，沒有人知道怎麼做是對的。對於這一階段的企業來說，儘量快地、儘量低成本地嘗試儘量多的可能性非常重要。這時，如果所有員工都像是一個模子裡刻出來的，企業很可能會在一條道上走到黑。因此，企業應該儘量擴大團隊的差異性，即使員工的想法再天馬行空也不怕，因為很多時候創新就是舊元素

的新組合，來自意外。

到了成熟期，企業的產品基本定型了，團隊基本穩定了，商業模式也差不多搭好了。這時，企業當然還是要允許犯錯，但是已經犯過的錯，最好不要再犯了。在這一階段，企業應該用制度來降低經營風險，用流程來提高執行效率，拒絕別出心裁，那些動不動就談戰略的員工，最好解雇了。對於處於成熟期的企業來說，最重要的是確定性。

到了轉型期，世界發生了天翻地覆的改變，企業原來賴以生存的邏輯不成立了，一切似乎都要重來，但是路在何方，沒有人敢說一定知道。在這一階段，企業似乎又回到了創業期，但是背負著成熟期的枷鎖。找到與企業現有員工完全不一樣的人，突然變得如此重要，因為只有全新的人才能碰撞出全新的思路，創造出全新的意外。

所以，總體來說，處於創業期和轉型期的企業需要差異性大的員工，而處於成熟期的企業，多用相似的人更有助於降低管理成本。

用吉尼係數激發員工鬥志

企業在文化、知識結構、性別上要盡可能地擴大差異性，那麼，在薪酬上應該儘量縮小差異性還是擴大差異性呢？

這就涉及有關差異性的另一個著名概念 —— 吉尼係數（Gini coefficient）。

很多人都聽說過吉尼係數，知道吉尼係數是用來衡量一個國家的貧富差距的，但是他們或許沒有想過，吉尼係數也可以用來衡量公司內部的「貧富差距」。

而且，吉尼係數還可以直接作為企業的「鬥志指數」。「鬥志指數」低了，企業中將全是「小白兔」，這時，你需要修改激勵制度，把「鬥志指數」調上來，把「小白兔」變成「明星」；「鬥志指數」高了，企業中會出現大量「野狗」，這時，你同樣需要優化激勵制度，把「鬥志指數」壓下來，讓「野狗」回歸理性。

吉尼係數這麼有用？那什麼是吉尼係數？

吉尼係數是由義大利學者柯拉多‧吉尼（Corrado Gini）在1912年提出的。吉尼係數是一個介於0~1的數，一個國家的吉尼係數越接近0，這個國家的財富越平均；越接近1，財富越集中。

可是，既然這個指標是用來衡量「差距」的，為什麼不用我們前面講過的變異數或者標準差，而是發明一個新概念呢？

因為變異數、標準差無法比較兩個差異性很大的組織之間的差異性。

舉個例子。

有兩家公司，X公司在日本，Y公司在美國，它們的員工年薪如表5-9所示，只不過X公司的員工年薪以日元為單位，Y公司的員工年薪以美元為單元。

表5-9　X公司與Y公司員工年薪

	1	2	3	4	5	平均數	變異數	標準差
X公司員工年薪（萬日元）	50	100	100	60	50	72	536	23.15
Y公司員工年薪（萬美元）	70	70	72	73	75	72	3.6	1.90

透過一些簡單的計算，我們可以知道X公司員工年薪的標準差是23.15萬日元，Y公司員工年薪的標準差是1.90萬美元。

X公司的23.15萬日元約等於1185美元，遠低於Y公司的1.90萬美元，所以，X公司的標準差小於Y公司，X公司的差異性更小。但是，你再仔細看看表5-9，會發現X公司的「貧富差距」明顯更大。

所以，當兩個組織在人數、基本收入的數量級等各方面都有很大差異時，標準差很難衡量這組資料的差異性。這時，吉尼係數就可以發揮其價值了。

吉尼係數的計算是一個複雜的過程，如果你對計算不感興

趣,請直接跳到「好了,不愛看計算過程的同學,可以從這裡繼
續了」那一段。

下面我們開始計算:

計算吉尼係數的第一步是把所有人的收入從低到高排列,比
如,X公司的員工年薪從低到高排序是50,50,60,100,100。

第二步,逐個累計相加,計算出「工資累計」。工資累計指
的是最低1個人的收入、最低2個人的收入總和、最低3個人的收
入總和⋯⋯最終得出一個數列。X公司的工資累計是50,100,
160,260,360。

第三步,用這些工資累計分別除以所有人的工資總和(X公
司的工資總和是360),得出百分比,如表5-10所示。

表5-10　X公司和Y公司的工資累計占比

X公司的 工資分配	工資累計	累計占比	Y公司的 工資分配	工資累計	累計占比
50	50	13.89%	70	70	19.44%
50	100	27.78%	70	140	38.89%
60	160	44.44%	72	212	58.89%
100	260	72.22%	73	285	79.17%
100	360	100%	75	360	100%

　　這「一頓操作猛如虎」的目的是什麼呢？透過一系列計算，用「數值差」來表示差異性，就轉化成了用「比率差」來表示差異性。這個轉化非常重要，因為它抹平了除「內部相對差異性」之外的所有外部因素。你仔細看一下X公司的「比率差」分佈和Y公司的「比率差」分佈，會發現最大值都統一到了100%。這是一個非常了不起的轉化，我們終於可以比較兩個組織的內部相對差異性了。

　　第四步，是把這兩組「比率差」的5個點分別標示在同一張圖上，並擬合成線（黑色線為X公司，灰色線為Y公司），如圖5-3所示。

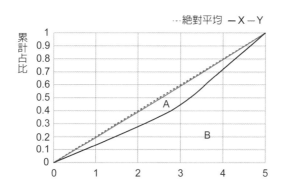

圖5-3　X公司與Y公司的羅倫茲曲線

　　這兩條線就是著名的羅倫茲曲線（Lorenz curve）。羅倫茲曲線就像一把弓一樣，弓拉得越滿，就表示內部相對差異性越大。X公司的「弓」比Y公司拉得更滿，所以X公司的內部相對差異性或者說貧富差距更大。

　　第五步，測量羅倫茲曲線和虛線的絕對平均線之間的面積（如圖5-3中的A）。用A的面積除以整個右下角的三角形的面積（A＋B），就得到一個介於0~1的數。

　　好了，不愛看計算過程的同學，可以從這裡繼續了。

　　這樣計算出來的吉尼係數能非常有效地展示組織的「貧富差距」（內部相對差異性），不同的數值代表不同的貧富差距水準：

　　◇ 低於0.2，表示指數等級極低（高度平均）；

　　◇ 0.2~0.3，表示指數等級低（比較平均）；

　　◇ 0.3~0.4，表示指數等級中（相對合理）；

　　◇ 0.4~0.6，表示指數等級高（差距較大）；

　　◇ 0.6以上，表示指數等級極高（差距懸殊）。

　　現在問題來了：員工收入的吉尼係數是高好還是低好？

　　其實，高和低都有問題。

　　如果員工收入的差距小，內部相對差異性比較平均（吉尼係數為0.2~0.3），甚至高度平均（吉尼係數為0.2以下），意味著努力的員工和不努力的員工收入很可能差不多。這對一家公司來

說是非常危險的，因為它會帶來著名的「死海效應[20]」。弱者的收入和強者差不多，意味著弱者在占強者便宜，強者一定不甘於此。如果公司不能改變現狀，本來就擁有更多選擇的強者很可能會離開。漸漸地，公司裡的強者越來越少，員工的收入更加平均。最後，員工會趨於相似，公司如同一片死海，水面上沒有一絲波瀾，甚至沒有一點生命的氣息。

吉尼係數低於0.3是有問題的，低於0.2是危險的，但員工收入的貧富差距大、內部相對差異性大（吉尼係數為0.4~0.6），甚至差距懸殊（吉尼係數為0.6以上），同樣是危險的，因為過大的貧富差距會自然而然地造成階層對立。員工會罵老闆「吸血」，消極怠工；老闆會覺得員工不努力，必須嚴管。

0.4是吉尼係數的警戒線，高於0.4會造成兩極分化，高於0.6則可能會帶來嚴重對立。

現在，你一定明白為什麼要用吉尼係數來衡量員工收入的內部相對差異性，以及為什麼吉尼係數可以作為「鬥志指數」了。因為不患寡而患不均。一定程度的不均，能激發鬥志；但是過於不均，會打擊鬥志。

所以，作為管理者，將員工收入的貧富差距控制在合理的範

20　編注：好員工像死海的水一樣蒸發掉，然後死海鹽度就變得很高，正常生物不容易存活。

（https://wiki.mbalib.com/zh-tw/%E6%AD%BB%E6%B5%B7%E6%95%88%E5%BA%94）

圍內是非常重要的。而吉尼係數量化了合理範圍。按照百年來的企業經營管理經驗，吉尼係數為0.3~0.4是相對合理的。

如果你說「我公司是『狼性文化』」，那好，你公司的吉尼係數可以略高於0.4。但是如果高於0.6，你在公司裡看到的可能就不是「鬥志」了，而是「內鬥」。

去算算你公司的吉尼指數吧，看看你公司的「鬥志指數」如何，是否需要調整。

結語：

這一章，我們用數學語言討論了差異性。衡量差異性有兩個非常重要的工具：變異數和標準差。我們還介紹了本來用於宏觀經濟分析但被借用到公司管理中的吉尼係數。

其實，很多時候，我們是能感受到差異性的。那為什麼還要用數學來對其進行量化呢？因為只有量化了的差異性，才是能比較的差異性，才是能改進的差異性，才是能作為健康指標的差異性。

變異數、標準差是統計學的基本概念。下一章，我們要講的正是機率與統計。

我們下一章見。

第 **6** 章

機率與統計
看清創業的真相，依然熱愛創業

終於講到機率與統計了。

在第1章中，我們就講到了機率；在第3章中，我們將五維思考的第五維稱為機率維；在第5章，我們又講了變異數和標準差這兩個統計工具，為講機率與統計進行了鋪墊。現在，我們要用一整章來專門講機率與統計。為什麼？雖然我們熱愛確定性，但是這個世界是由隨機性、不確定性、風險和運氣構成的。不能正確理解機率與統計，就不能正確理解這個世界。

機率與統計是高中數學和大學數學都有的課程。不過，在這一章裡我們用來研究商業世界、指導創業的機率與統計，只需要用到高中的數學知識。

機率思維是高手和普通人的分水嶺

什麼是機率？什麼是統計？

機率是針對個體的概念，用來衡量一件事情將要發生的可能性的大小。對於好的事情，機率衡量的是運氣的好壞；對於壞的事情，機率衡量的是風險的大小。比如，我能創業成功的機率（運氣）大嗎？電動汽車出故障的機率（風險）小嗎？

統計是針對群體的概念，用來計量一群樣本滿足條件的比率的大小。對於多的事情，統計計量的是普遍的幅度；對於少的事情，統計計量的是稀缺的程度。比如，喜歡漢服的用戶比率大（普遍）嗎？市場上懂人工智慧的人才比率小（稀缺）嗎？

要用機率與統計看清創業的真相，就要透徹理解以下三個重要概念：數學期望（mathematic expectation，期望值）、大數定律（Law of large numbers，大數法則）和條件機率（Conditaionl Probability）（見圖6-1）。

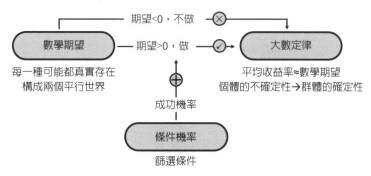

圖6-1　數學期望、大數定律和條件機率

永遠要選數學期望高的選項

很多人都聽說過「數學期望」，但是數學期望的本質是什麼？

得到App的創始人羅振宇在「時間的朋友」跨年演講中講過一個故事：假如現在有兩個按鈕，按下紅色按鈕，你可以直接拿走100萬美元；按下藍色按鈕，你有一半機會可以拿到1億美元，但還有一半機會你什麼都拿不到。你會按哪一個按鈕？

有人會想，二鳥在林，不如一鳥在手。按紅色按鈕，直接拿走100萬美元，落袋為安。有人會想，人生能有幾回搏。按藍色按鈕，萬一拿到1億美元，人生的「小目標」不就實現了嗎？聽上去，兩種選擇都有道理。

　　那麼，到底按下哪一個按鈕，不是「聽上去有道理」，而是「數學上正確」呢？

　　這時，你就要理解「數學期望」這個概念了。

　　選紅色按鈕，你可以得到確定的回報（100萬美元）。可是選藍色按鈕，你是否能得到1億美元這個結果是不確定的，是有機率的。我們在第3章的「五維思考」中已經講過，行為≠結果，這個世界的真相是：行為×機率＝結果。

　　所以，你評估藍色按鈕的價值時，要把機率當成折扣率，也就是說，誘人的1億美元是要打折扣的。你拿到1億美元的機率是50%，由此得出按下藍色按鈕的獎勵為：1億美元×50%＝5000萬美元。所以，你對藍色按鈕的期望是5000萬美元。

　　這就是數學期望。

　　你可能會說：「這真是書呆子的無聊遊戲。要嘛是0，要嘛是1億美元，只有這兩種可能。不管怎麼期望，也永遠不可能得到5000萬美元這個計算（或者想像）出來的數字。真是腦子壞掉了。」

　　說實話，這就是為什麼五維思考（第五維為機率維）如此困難。

　　三維，我們太熟悉了。四維（在三維的基礎上，增加了時間維），我們也能理解。但是，機率作為一個維度，實在是過於抽

象。人們通常都認為有就是有，沒有就是沒有，活著就是活著，死了就是死了，很難想像50%沒有、70%死了這樣的狀態。要理解這件事，確實是需要一些想像力的。

你試著這麼想：在你按下藍色按鈕的那一瞬間，你的世界突然出現了兩個平行世界。在其中一個平行世界裡，你什麼都沒得到，仍然過著正常的生活；在另外一個平行世界裡，你中獎了，得到了1億美元，天啊，你的人生從此改變了，你過上了富豪的生活。

在這兩個平行世界裡，確實要嘛是0，要嘛是1億美元，沒有一種狀態是5000萬美元。但是，你的選擇讓未來所有平行世界裡的你平均獲得了5000萬美元。

這就是哥本哈根學派（Copenhagen School）對平行世界的解釋。哥本哈根學派認為：每一種可能的結果都是真實存在的，並構成一個子世界。

從這個意義上來說，平行世界是機率論的物理呈現，而機率論是平行世界的數學抽象。能理解機率論和平行世界之間的關係，就能理解為什麼我們說機率是高於「時間」的第五個維度。

回到故事中的紅色按鈕和藍色按鈕，它們的數學期望分別是：

紅色按鈕：100萬美元×100%＝100萬美元

藍色按鈕：1億美元×50%＝5000萬美元

為未來所有平行世界的你著想，你會選擇100萬美元，還是5000萬美元呢？

如果選了藍色按鈕，結果什麼都沒得到呢？

那就願賭服輸。因為你不幸地進入了一無所獲的那個平行世界。但同時，另一個平行世界裡的你幸運地得到了1億美元，正在計畫如何改變世界，祝福那一個「你」吧。

所以，在一個無限遊戲中，永遠要選數學期望高的選項，即使這個選項未必能為你帶來成功。正因為如此，籃球界有一句話：用正確姿勢投丟的球比用錯誤姿勢投進的球更有價值。

理解了數學期望這個概念，你不僅能做出「艱難的決定」，還能在「實驗」中勝出。

舉個例子。有一次，你受邀參加了一個實驗，這個實驗的全名很長，叫「帶編號的立方體重複性機率實驗」。

實驗的方法是：主持人把三個帶有1~6編號的立方體放在一個暗盒中，然後將暗盒連同三個立方體一起拋向空中，在接受大量獨立隨機事件（如方向、力度、風速、溫度、碰撞、桌面摩擦度以及接觸點等）的充分影響後，立方體停在了桌面上。主持人

給實驗者一張專用表格（包含三個立方體頂面數字之和的所有可能情況及對應的倍數），請實驗者選擇把1枚實驗幣放在其中的一格，並與主持人確認不再更改。

然後，主持人打開暗盒，如果三個數字之和屬於實驗者選定的格子中的情況，他將會額外獲得該格子指定倍數的實驗幣獎勵。如果不屬於，則這枚實驗幣會被收走。

理解實驗規則了嗎？

好的，現在主持人從這張表格上挑出A和B兩格，其中A代表「大」（三個正方體頂面數字之和為11~17，且三個數字不完全相同，對應的倍數是1倍），B代表「三個6」（三個正方體頂面數字均為6，對應的倍數是149倍）。然後，主持人問實驗者：如果為了獲得更多實驗幣，你會選哪一格？選A，還是選B？

我們來算一下選A和選B的數學期望。

選中A的機率是48.61%[21]。如果實驗者選中A，獲得的收益是1枚實驗幣；沒有選中A，收益是-1枚實驗幣，那麼，選A的數學期望是：$1 \times 48.61\% + (-1) \times 51.39\% = -0.0278$。

這意味著，如果選A，未來所有平行世界的你要平均虧掉0.0278枚實驗幣。

21　計算過程如下：P（大）＋P（小）＋P（三個數一樣）＝1；P（三個數一樣）＝ $1/6 \times 1/6 \times 1/6 \times 6 \approx 2.78\%$；P（大）＝P（小）＝〔1-P（三個數一樣）〕$/2 \approx 48.61\%$。其中，「小」指三個正方體頂面數字之和為4~10，且三個數字不完全相同。

選中B的機率是0.46%[22]。如果實驗者選中B，獲得的收益是149枚實驗幣；沒有選中B，收益是-1枚實驗幣，那麼，選B的數學期望是：149×0.46％＋（-1）×99.54％＝-0.31。

這意味著，如果選B，未來所有平行世界的你要平均虧掉0.31枚實驗幣。

選A平均虧0.0278枚實驗幣，選B平均虧0.31枚實驗幣，選哪個？主持人問你。

你對主持人說：這兩個都不能選。對不起，我退出實驗。

這時，突然有很多科學家走進房間，向你鼓掌祝賀，你贏得了這項實驗的獎金。因為當所有選項的數學期望都為負時，退出實驗是唯一正確的選擇。

你「救」了所有平行世界裡的自己。

理解了數學期望之後，我們還要理解與之極度相關的一個概念——大數定律。

就像「指數增長」和「冪律分佈」是一體兩面一樣，數學期望和大數定律也是一體兩面。

讓大數定律成為一種信仰

在轉行做諮詢之前，我在科技行業工作了很多年，很幸運地

22　計算過程如下：P（三個6）＝1/6×1/6×1/6≈0.46%。

結識了大量科技行業的優秀人才，並與他們成為同事、朋友。我開始做諮詢之後，他們中有些人也離開了原來的公司，選擇自己創業。創業這條路並不好走，而我恰好是做諮詢的，因此，很多人會來找我聊聊，我也會給他們一些建議，甚至會參與一些計畫的投資。出乎意料的是，我投資的第一個計畫就獲得了不小的收益──相對於投資額浮盈20倍。

有一次，我和五源資本（原晨興資本）的創始合夥人劉芹聊起這件事。五源資本是中國最著名的風險投資機構之一，它投過的很多計畫都獲得了相當高的回報，如小米、快手等。劉芹向我分享了他的投資經歷。

劉芹說自己的投資生涯分為三個非常明顯的階段。

第一個階段，看到什麼計畫都覺得是好計畫：哇，這個創始人太厲害了，這個計畫太好了。每個創始人身上都有閃閃發光的點，每個計畫都有獨到之處。當然，有些計畫的確成功了，但是更多的計畫失敗了。他很痛苦，開始懷疑自己的判斷。

第二個階段，看到什麼專案都覺得有問題：這家公司的團隊有問題，這家公司的產品有問題，這家公司的股權結構有問題，這家公司的市場定位有問題……其實，如果你想找問題，一定能找出各種各樣的問題。面對數不清的問題，劉芹一直不敢出手。不出手雖然沒有風險，但也沒有收益。劉芹仍然很痛苦。經過很

長一段時間的煎熬後，他進入了第三個階段。

第三個階段，他開始逐漸形成一套自己的投資原則。符合投資原則的公司，有再多的問題都是可以投資的；不符合投資原則的公司，即使創業者再閃亮也不碰。這套投資原則讓他避開了很多坑，當然，也讓他錯過了不少好計畫。但是，如果平均來看那些他運用這套原則投資所獲得的收益，他的投資是成功的。

我聽了之後，心裡豁然開朗。

用數學語言來表述，劉芹的投資原則就是一個自己打磨出來的、極其寶貴的數學期望公式。每見到一個創業者，他就把創業者的情況代入這個數學期望公式算一下，如果算出來的數學期望為正，就投；如果算出來的數學期望為負，就不投。

那麼，會不會出現這樣的情況：數學期望為正的創業者最後創業失敗了，而數學期望為負的創業者反而成功了呢？

當然會。但是，當你投了10個、100個甚至1000個計畫後，會發現這些「個體的不確定性」已經被逐漸抹平了，而「群體的確定性」慢慢浮現出來。最後，1000個計畫的平均收益是無限接近數學期望的。

這就是大數定律。

大數定律是機率論史上第一個極限定理，由著名數學家雅各・伯努利（Jacob Bernoulli）提出。這個定理的表述有點拗

口：隨機變數序列的算術平均值，向各隨機變數數學期望的算術平均值收斂。

你可能會說：聽不懂啊。其實，簡單來說，大數定律指的是：如果擲硬幣得到正面的機率是50%，那麼，擲的次數越多，正面朝上的硬幣出現的次數就越接近一半。

我可以列舉一些數字讓你更直接地感受：

◇ 你擲1次，可能有0次正面、1次反面；

◇ 你擲10次，可能有4次正面、6次反面；

◇ 你擲100次，可能有43次正面、57次反面；

◇ 你擲1000次，可能有480次正面、520次反面；

◇ 你擲10,000次，可能4989次正面、5011次反面；

◇ 你擲100,000次，可能49,999次正面、50,001次反面。

換成投資的場景，大數定律指的是：如果按照劉芹的投資原則選出來的創業專案的數學期望是30%的投資收益率，那麼，他投資的創業專案越多，所有投資專案的平均收益率就會越接近30%。

我再列舉一些數字讓你更直觀地感受：

◇ 你投1個專案，投資的平均收益率可能會落在-100%~1000%的範圍內；

◇ 你投10個專案，投資的平均收益率可能會落在-50%~400%

的範圍內；

◇ 你投100個專案，投資的平均收益率可能會落在10%~100%的範圍內；

◇ 你投1000個專案，投資的平均收益率可能會落在20%~80%的範圍內；

◇ 你投10,000個專案，投資的平均收益率可能會落在25%~35%的範圍內。

可見，平均收益率越來越接近數學期望。大數定律使個體的不確定性被轉化為群體的確定性。

所以，到底什麼是投資？

投資是一個數學遊戲。那些專業投資人賺的從來都不是某個計畫的鉅額收益（個體的不確定性），他們賺的是10,000個甚至更多計畫的平均收益（群體的確定性）。

而頂尖的專業投資人之所以頂尖，是因為他獨有的投資原則的數學期望比其他人高，同時他對大數定律的信仰比別人強。

我問劉芹：「你用了多少年才走到第三個階段，找到自己的投資原則？」

劉芹的答案是15年。

聽完後，我做出了一個決定：除非特殊情況，我再也不直接投專案了。我投的這個計畫能獲得20倍浮盈，純粹是上天賞飯

吃，靠運氣。想到這兒，我一身冷汗。

理解了一體兩面的數學期望和大數定律之後，我們還需要理解一個同樣重要的概念——條件機率。它的重要性一點也不比前兩個概念低。

用條件機率提高成功的可能性

提問：為什麼騙子聽上去那麼像騙子？

你接到一個電話，對方操著一種很奇怪的口音對你說：「我是你上司，明天到我辦公室來一趟。」

你一聽就知道他是騙子，你甚至會覺得你不是在被騙，而是在被羞辱。或許你會想：騙子現在也太不敬業了吧，接受過培訓嗎？有成功率的考核嗎？這麼蹩腳的口音和騙術是拿不到年終獎金的吧？

如果你有過這樣的想法，那你實在是多慮了。蹩腳的騙術才是高明的騙術，為什麼？因為騙術背後的數學邏輯是條件機率。

什麼是條件機率？

我們把這個騙子的電話放到一邊，先來做一道數學題，然後再來處理這個騙子。

這道數學題是：某個家庭有兩個孩子，已知其中一個孩子是女孩，請問另一個孩子也是女孩的機率是多少？

　　這時，你一定會有很多內心小劇場：是50%嗎？這應該明顯不對，這道題不可能這麼簡單吧。25%？也不對。那正確答案應該是多少呢？

　　要得到正確答案，我們可以這麼想。

　　一對父母生出女孩的機率是多少？當然是50%。現在我們來看題，這道題的第一句話是「某個家庭有兩個孩子」，那麼，兩個孩子的性別搭配有四種可能性——男男、男女（兄妹）、女女、女男（姐弟），每種可能性的機率是25%，如圖6-2所示。

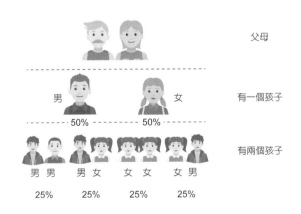

圖6-2　某個家庭兩個孩子的性別搭配可能性

　　接著，關鍵的第二句話來了，「已知其中一個孩子是女
孩」。這是一個條件，這意味著，我們算機率時要把不符合這
個條件的樣本去掉。在某個家庭兩個孩子的四種性別搭配中，
男女、女女、女男都符合「其中一個孩子是女孩」的條件，只有
「男男」不符合。把這種情況排除掉，如圖6-3所示。

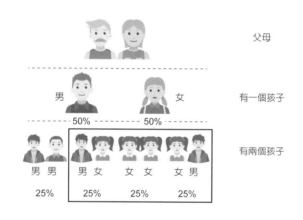

　　　　父母

　　　　有一個孩子

　　　　有兩個孩子

圖6-3　符合「已知其中一個孩子是女孩」的三種可能性

　　所以，下面的機率是在這個條件下計算的。計算什麼？再看
題：另一個孩子也是女孩的機率是多少？而符合「另一個孩子也
是女孩」這種情況的只有女女。

　　於是，這道題就變成了三種情況（男女、女女、女男）中是
女女這種情況的機率是什麼，顯而易見，是三分之一。

所以，這道題的答案是三分之一。

我這麼解釋一下，你是不是覺得顯而易見？但是，這道題曾經難住了我們班所有人。

我大學讀的是數學系，我們有一門課叫「機率與統計」。因為高中時大家都學過機率，所以這門課同學們聽得都不太認真。看到這種情況，數學老師出了一道數學題給全班，就是上面這道題。我印象非常深刻，當時沒有一個人做出這道題來。透過這樣一道題，老師制服了我們班所有人。

為什麼很多人會在這道題裡繞不出來？因為計算女女機率的條件變了，不再是兩個孩子（男、女），也不再是四種可能（男男、男女、女女、女男）。「已知其中一個孩子是女孩」這個條件將這道題變成了三種可能（男女、女女、女男），所以女女的機率變了。

這就是條件機率。

請問，中國有多少人會在網路上購物？如果你在超市裡做問卷調查，機率可能是30%。如果你在微信裡做問卷調查，機率可能是80%。如果你在淘寶做問卷調查，機率可能是100%。這一切都因為條件變了。

現在，我們回到騙子的電話，繼續討論為什麼騙子聽上去那麼像騙子。

　　我們先做一個假設：這個世界上有20%的人容易被騙（60%
的得手率），而另外80%的人很難騙（10%的得手率），如圖6-4
所示。

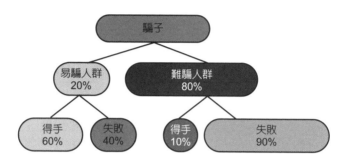

圖6-4　關於騙子的假設

　　那麼，騙子的總體得手率是多少呢？用數學期望來算，就
是：20%（易騙）×60%（得手）＋80%（難騙）×10%（得
手）＝20%。

　　得手率20%意味著騙子打5通電話能騙到1個人，看起來「效
率」有點低。

　　那怎麼辦呢？要想辦法增設一個條件，把那部分「難騙人
群」篩選出去。而這個條件就是故意很像騙子。設定了這樣的條
件後，難騙人群聽到奇怪口音感覺明顯不是自己老闆時，會很快
掛掉電話，這樣，騙子就不用在他們身上多費口舌了，而騙子真

花時間去聊的人群隨之縮小為「易騙人群」，如圖6-5所示。

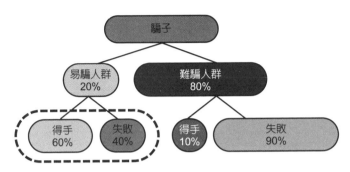

圖6-5　騙子的詐騙對象範圍縮小為易騙人群

這樣，騙子的成功率就提升到了60%，即打5通電話能騙到3個。

這徹底顛覆了人們的認知：聽上去就像是騙子的騙子，行騙成功的機率提高了3倍！

這就是條件機率的威力。

條件機率不是騙子的獨家武器，當它被用在正道上時，尤其是和數學期望、大數定律一起用於創業時，會發揮出難以想像的巨大作用。

▌創業就是管理機率

理解了數學期望、大數定律和條件機率後，我們看創業的視角就不一樣了。

我們會站在第五維（機率維）的視角重新理解創業。我們可以先升到半空，俯視自己和他人創業的起起伏伏、生生死死，然後回到地面，堅持做正確的決定，以獲得大的成功機率。

創業就是管理機率。

創業者的機率遊戲，投資人的統計遊戲

作為一個創業者，你融過資嗎？你身邊有朋友融過資嗎？如果你融過資，或者你有朋友融過資，那麼你大概聽說過天使輪、A輪、B輪、C輪、D輪、上市（IPO）等，甚至有可能你的公司正處於其中的某一輪。

但是，對於創業公司、對於投資機構，這一輪輪投資的本質是什麼？

其實，從數學本質上來說，現代投資機構所採用的ABCD輪投資模式是用條件機率換取更大的創業或投資成功率。下面，我詳細解釋一下這個基於條件機率的遞進式投資的創業風險管理機

制。

1.天使輪投資：排除產品風險

　　某一天，你突然有了一個絕妙的創業想法，你和幾個朋友一說，大家都驚歎不已：「天啊，這也太厲害了吧！」瞬間，大家的創業熱情被點燃了，每個人都信心滿滿：「兄弟們，我們的時代來了！」你寫程式，我找客戶，他做管理，就這麼幹，我們萬事俱備了。

　　可是，就是沒錢。

　　你開始到處找錢。這時，願意給你錢、幫你邁出創業第一步的人就叫「天使投資人」。為什麼叫天使投資人？因為雖然你心裡覺得「這事不成還有天理嗎」，但事實上，創業者的大部分想法是沒把握的，只是創業者自己不知道而已。在這麼沒把握的時候，這些投資人卻拿真金白銀支持你，真的就像天使一樣。

　　拿到天使輪投資，你正式走上創業之路，你開始組團隊、做產品。

　　但是，是不是每個創業者都能成功組建團隊，做出自己的產品呢？當然不是。有很多創業者在融資時說得天花亂墜，拿了天使輪投資後卻做不出產品，或者做出的產品一塌糊塗；還有一些創業者缺乏領導力，很難吸引優秀的員工加入團隊。這些都是

「天使輪風險」。

如果天使輪的錢花得差不多了，產品還沒有做出來，可能的風險就演變成了確定的現實。這時，你的創業之路就到頭了。

反過來，如果你組建了出色的團隊，做出了好產品，使用者數量迅速增長，得到用戶認可了呢？恭喜你，「天使輪風險」被排除，你有機會接受A輪投資了。

天使投資人用自己的眼光，從眾多的創業者中，挑選出組建團隊、做出產品成功機率較大（比如50%）的團隊，然後用真金白銀支援他們做出產品來，供A輪投資人挑選，如圖6-6所示。

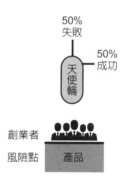

圖6-6　天使輪投資

就像在「男女、男男、女女、女男」四種可能性中設置了「已知其中一個孩子是女孩」這樣的條件一樣，天使投資人也設

置了「能組建團隊、做出產品」這樣的條件，把10萬名創業者篩選到只有1萬名，增加下一輪選中「時代寵兒」的可能性。

2.A輪投資：排除收入風險

A輪投資人的投資成功率是遠遠大於天使投資人的，因為天使投資的條件機率已經把創業者從10萬名篩選到只有1萬名。A輪投資人感謝天使投資人的工作，所以會給這些被精選出來的專案較高的溢價（比如3~5倍的估值）。

然後，A輪投資人用自己的眼光，從剩下的1萬名創業者中挑選出創建收入模型成功機率較大（比如50%）的團隊，然後投入更多的真金白銀，支援他們創造收入，供B輪投資人挑選，如圖6-7所示。

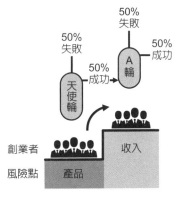

圖6-7　A輪投資

什麼是收入模型？收入模型明確誰會購買你的產品，為什麼而付錢，付多少錢，有多少人付錢。當你找到你的核心業務和關鍵因素，並產生持續、快速增長的收入時，說明你的產品被使用者真正接受了。

A輪投資人所做的事情，是透過設置「能創建收入模型」這個條件，把1萬名創業者篩選到只有1000名，增加下一輪選中「時代寵兒」的可能性。

3.B輪融資：排除盈利風險

同樣，B輪投資人的投資成功率也是遠遠大於A輪投資人的，因為A輪投資的條件機率已經將創業者從1萬名篩選到只有1000名。B輪投資人感謝A輪投資人的工作，所以會給這些被精選出來的專案較高的溢價。

然後，B輪投資人用自己的眼光，從剩下的1000名創業者中，挑選創建盈利模式成功機率較大（比如50%）的團隊，然後投入更多的真金白銀，支援他們真正盈利，供C輪投資人挑選，如圖6-8所示。

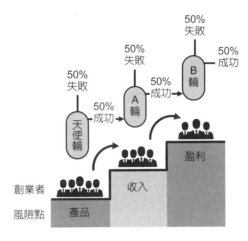

圖6-8　B輪投資

　　什麼叫盈利模式？有收入不代表會有盈利，你能在一個單點上驗證你的模式最終是賺錢的嗎？在這一步，你要掌握一些核心資源，控制成本結構，理順關鍵流程，建立圍繞核心業務的支援系統，驗證自己的商業模式。只有在單點（比如線下的一個城市、線上的一個用戶群）上完全走通，才能賺到錢。

　　B輪投資人所做的事情，是透過設置「能創建盈利模式」這個條件，把1000名創業者篩選到只有100名，增加下一輪選中「時代寵兒」的可能性。

4.C輪融資：排除營運風險

　　同樣，C輪投資人的成功率也是遠遠大於B輪投資人的，

因為B輪投資的條件機率已經將創業者從1000名篩選到只有100名。C輪投資人感謝B輪投資人的工作，所以會給這些被精選出來的專案較高的溢價。

然後，C輪投資人用自己的眼光，從剩下的100名創業者中挑選出構建強大的營運能力成功機率較大（比如50%）的團隊，然後投入更多的真金白銀，支持他們在全國擴張，供D輪投資人挑選，如圖6-9所示。

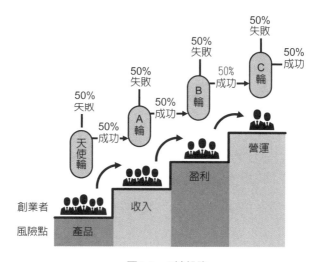

圖6-9　C輪投資

什麼叫營運能力？你能把單點成功的商業模式擴張到線下的全國市場或線上的全網市場嗎？你能管理迅速擴大的團隊嗎？這

兩個問題都顯現了你的營運能力。在這一階段，很多公司開始引入職業經理人、專業營運人才，以夯實基礎，攻城掠地，搶奪市場份額。但是，創業公司有數百上千家，最終能占據較大市場份額的必然是少數。這一輪戰爭是最慘烈的戰爭，百舸爭流，只過幾艘。正因為如此，「C輪死」成了縈繞在創業者心頭的魔咒，大批的創業公司會死在這一輪。

C輪投資人所做的事情，就是透過設置「能構建強大的營運能力」這個條件，從100名創業者中挑出進入決賽圈的選手，將最優秀的創業者交給D輪投資人。

能走到D輪投資人面前的創業者，基本上已經是贏家了。D輪投資人大多是為上市做準備的投資銀行等機構。經過規範化、股改、業績衝刺，創業公司終於滿足了上市的要求，有機會在中國內地、中國香港、美國等地上市，公司的股票也從在一級市場交易變為在二級市場交易。

上市，意味著創業公司正式結束了一輪又一輪的「打怪升級模式」遊戲，得到獎賞，進入無限的「地圖探索模式」遊戲。這時，大家舉杯歡慶，但在短暫的慶祝之後，又立即出發。

這就是遞進式投資的創業風險管理機制。這個機制的本質是每一輪投資人為下一輪排除風險，提高條件機率，並因此獲益。

所以，什麼是創業的真相？

　　創業的真相就是創業者的機率遊戲、投資人的統計遊戲。

　　在這個投資人的統計遊戲中，投資人是有自己的策略的，也就是「數學期望＋大數定律」。這個策略用得好的投資人就是頂級投資人。

　　那麼，對於創業者呢？在這個機率遊戲中，創業者也有自己的策略嗎？

　　當然。這個策略就是「貝氏改進」。

所謂高手，就是把自己活成貝氏定理

　　有一天，我在網上看到一句話：所謂高手，就是把自己活成貝氏定理（Bayesian）。我當時就感嘆：說這句話的人一定是數學系畢業的吧？說得太準確了。

　　創業者所做的事情就是管理機率，而管理機率最重要的工具就是貝氏定理。

　　在第1章，我們說創業成功的祕訣是「正確的事情，重複做」。可是，什麼是「正確的事情」？正確的事情就是成功機率很大的事情。那麼，什麼是「成功機率大的事情」呢？

　　這個世界上有沒有一張表，能讓我們查出來哪些事情是成功機率大的事情呢？

　　你知道的，並沒有。

如果沒有「成功機率大的事情速查表」，那這句「正確的事情，重複做」不就是正確的廢話嗎？

當然不是。因為這個世界上雖然沒有「成功機率大的事情速查表」，但是，什麼事情能成功機率大，是可以透過貝氏定理試出來的。試著試著，你就找到了只有你才知道的「正確的事情」，並因此從所有創業者中脫穎而出。

那麼，什麼是貝氏定理？

我們先來看著名的貝氏公式：

$$\underset{\text{後驗機率}}{P(B|A)} \times \underset{\text{先驗機率}}{P(A)} \times \underset{\text{調整因子}}{P(B|A)}$$

我知道，這個公式看起來讓人完全不知所云，但是不要怕，我會儘量用最簡單的方式來解釋。

舉個例子。很多公司都特別關注用戶的購買轉化率。所謂購買轉化率，指的是假如有100個用戶看到商品詳情頁，有多少用戶會下單購買。購買轉化率是一種機率，我們稱之為P（A），其中，「A」指的是購買。我們現在假設，你公司當前的購買轉化率是已知的──100個用戶看到商品詳情頁，有2個用戶會買，P（A）＝2%。因為P（A）是已知的，所以叫先驗機率（事前機率）。

　　某一天，員工甲突然提議：「我們要不要把商品詳情頁的首頁都換成中國風的啊？我們用過幾次中國風首頁，感覺效果很好呢。現在年輕人喜歡中國風，我們多用中國風首頁，購買轉化率可能會上升呢。」

　　那麼，問題來了：把首頁換成中國風的，有助於提升購買轉化率嗎？

　　用中國風首頁，就是動作「B」，而基於中國風首頁的購買轉化率，我們用「P（A|B）」表示。那麼，P（A|B）是否大於原來的轉化率呢？

　　現在，你需要做一些復盤。

　　首先，你要算一下P（B|A）。A是購買，B是用中國風首頁，所以，P（B|A）的意思就是在所有購買訂單中，有多少單的商品詳情頁用了中國首頁圖。營運經理立刻到後臺查了一下，發現在上個月的800個訂單中，有450單商品詳情頁用了中國首頁圖，所以，P（B|A）＝450/800＝56.25%。

　　然後，你還要算一下P（B）。

　　B是用中國風首頁圖，所以，P（B）指的是在所有向用戶展示過的商品詳情頁中，有多少用的是中國風首頁圖，也就是中國風首頁圖的使用率。營運經理又到後臺查了一下，發現上個月用戶一共點擊了4萬次商品詳情頁，其中有1萬次用的是中國風首頁

圖。所以，P（B）＝1萬/4萬＝25%。

再來計算調整因數。調整因數指的是動作B（用中國風首頁）對結果A（購買）的影響，其計算方法為：P（B|A）/P（B）。將這個案例中的調整因數帶入計算可得：

$$P（B|A）/P（B）＝56.25\%/25\%＝2.25$$

所以，用中國風首頁圖對用戶購買的影響是2.25。

現在，我們完整帶入貝氏公式：

$$P（A|B）＝P（A）\times P（B|A）/P（B）＝2\%\times 2.25＝4.5\%$$

也就是說，如果把所有首頁都換為中國風，你公司產品的購買轉化率會從2%陡升到4.5%。

這就是貝氏改進的價值。

你大喜過望。從此，你公司的購買轉化率穩定在了4.5%。你給員工甲發了一個大大的紅包。

看到員工甲的大紅包之後，員工乙說：「老闆，我對回購率的提升有個大膽的想法，不知當講不當講……」你趕緊在復盤會上計算、測試、推進。第二個月，你公司產品的回購率提升了20%。你又給員工乙發了一個大紅包。

貝氏定理是條件機率的一個非常重要的推理。真正的高手每

天都在用貝氏定理不斷復盤、改進自己的流程，從而總結出那些
「會帶來成功機率大的事情」，也就是「正確的事情」，然後透
過重複做這些正確的事情，在ABCD輪的每一輪競爭中戰勝競爭
對手，獲得下一輪融資，最終贏得巨大成功。

這就是「正確的事情，重複做」。

不管是創業，還是投資，其最底層的邏輯都是數學。數學中
的三大邏輯──數學期望、大數定律和條件機率，以及條件機率
推演出來的「神器」貝氏定理，能有效地指導創業與投資，使你
走向成功。

講完機率這個針對個體、用來衡量一件事情將要發生的可能
的概念，我們還必須講講統計這個針對群體、用來計量一群樣本
滿足條件的比率的概念。

沒有統計的「眼睛」，你的世界無時無刻不在向你「撒
謊」。

▌利用統計識別商業謊言

在數學這個嚴謹的學科裡，統計可能是最容易不嚴謹的一部分，因為它很容易被誤解，甚至被操縱。

在這一節裡，我不打算手把手地教你如何做統計。作為創業者，你更重要的工作，可能是看別人的統計資料。所以，我想分享三個典型的統計謬誤，幫你看清楚統計資料中看似正確的謊言，幫你擦亮眼睛，使你更清晰地洞察商業世界。

這三個統計謬誤是基本比率謬誤（Base Rate Fallacy）、辛普森悖論（Simpson's paradox）和倖存者偏見（Survivorship Bias）。

基本比率謬誤

歐盟和美國政府似乎從未停止過對谷歌的反壟斷訴訟。

什麼是壟斷？就是你的市場份額已經大到讓你擁有市場支配地位，你利用自己的市場支配地位妨礙公平、自由的競爭。

當你擁有市場支配地位時，你應該遵循「大哥邏輯」：有些事情，小弟能做，大哥不能做；小弟做了只會傷害自己，但大哥做了會傷害社會。

假設一條街上有10家米店，你想把自己種的米賣給其中1家店。店主說：「可以。但如果想和我合作，你不准把米賣給其他9家。合作還是不合作，你選吧。」

你可能會選「不合作」：「我才不呢，我要和更多的米店合作，誰知道你賣得好不好，我不在一棵樹上吊死。」

你也可能會選「合作」：「倒是也行，和一家合作更省心，反正我的米也不多，省得麻煩。」

但實際上，「怎麼選」並不重要，那是你的自由。重要的是你「有得選」，只要你「有得選」，這10家米店就會為了與你合作而彼此競爭。

但如果這10家米店中有9家店都是同一個老闆開的呢？

那這個老闆就是「大哥」，擁有市場支配地位。

你看似還是可以選擇，但是，選了1家店，就要放棄其他的9家店，這個代價實在是太大了。如此巨大的代價使所有其他選項都變得毫無意義，因此，雖然擺在你面前的是眾多選擇，但實際上你已經沒有選擇了。

大哥要求你在他和其他人之間做「獨家合作」的選擇，本質上就是在消滅選擇。

所有人都說大哥這樣做是不對的，大哥很不服：「我付出了勞動，也投入了資源，憑什麼不能要求獨家？」

因為你是大哥。所有人都可以讓對方「二選一」，只有**擁有市場支配地位**的大哥不可以。

所以，針對谷歌的反壟斷訴訟的關鍵在於證明谷歌**擁有市場支配地位**。只要證明它有市場支配地位，就可以用「大哥邏輯」（反壟斷法）來管它。

那麼，谷歌到底有沒有市場支配地位呢？這個看似簡單的問題，其實是一個統計學上幾乎無解的難題。

起訴者說：谷歌當然有市場支配地位。截至2019年9月，谷歌的營收占整個搜尋引擎廣告市場的81.5%，如圖6-10所示。如果是20%、30%甚至50%，我們都可以爭論。但是，谷歌的市場份額是81.5%，說它占據市場支配地位不對嗎？這毫無爭議。

圖6-10　谷歌在搜尋引擎廣告市場的市場規模

真的毫無爭議嗎？

我們看看起訴者的統計方法。起訴者是用「谷歌的營收/搜尋引擎廣告市場規模」這個基本統計方法來計算谷歌的市場規模的，這看上去再簡單不過了。

但是，即使是最基本的統計方法，也有可能存在謬誤。在這個統計方法中，對於分子大家都沒有異議，但是對於分母，谷歌的看法就不一樣了。

谷歌說：你錯了。這個世界上從來沒有一個市場叫「搜尋引擎廣告市場」，因為客戶不會把它的錢做如此劃分，不會說「這部分錢是要投給搜尋引擎廣告的，那部分錢是要投給社群廣告的」。客戶的錢是投向整個網際網路廣告的。在網際網路中，哪裡便宜、有效，客戶就會把錢投向哪裡。所以，我們實際上是和Facebook、亞馬遜等各種形態的網際網路公司分食同一個廣告市場，我們的分母應該是「網際網路廣告市場規模」，而不是「搜尋引擎廣告市場規模」。

是不是聽上去很有道理？那麼，如果把「網際網路廣告市場規模」作為分母，谷歌的市場規模會變成多少呢？會變成37.1%，如圖6-11所示。

37.1%，當谷歌的市場規模變成這個數字時，它看上去就不那麼像是擁有明顯的市場支配地位了。

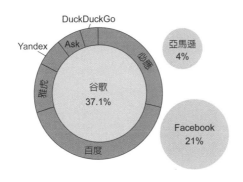

圖6-11　谷歌在網際網路廣告市場的市場份額

　　但是，「網際網路廣告」這個詞其實也不夠準確。今天，客戶的廣告預算已經漸漸地不再分線上或線下、傳統或新媒體了，而是在電視、雜誌、燈箱、網際網路等平臺上動態分配。谷歌所面向的其實是整個廣告市場，它的競爭對手是所有媒體公司。因為網際網路廣告只占整個廣告市場的64.9%，所以，當分母變成「整個廣告市場規模」時，谷歌的市場規模只有24.08%了，如圖6-12所示。

　　請問，81.5%、37.1%、24.08%，到底哪個市場規模才是谷歌的市場規模？

　　很多公司總喜歡把自己的市場規模往大了說，但也有一些公司很想把自己的市場規模說小，比如谷歌。

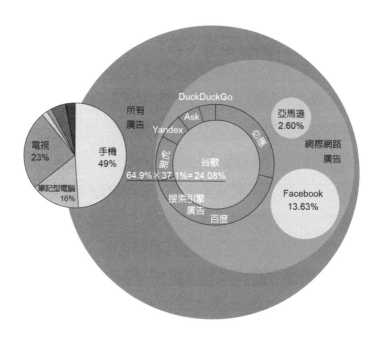

圖6-12　谷歌在整個廣告市場的市場份額

　　我舉這個例子是想告訴你，即使是統計市場規模這樣一個看上去再簡單不過的統計問題，都有可能出現謬誤——要嘛是谷歌的謬誤，要嘛是起訴者的謬誤。而這場反壟斷訴訟，本質上是一個大型統計學考試現場，閱卷的是法官和陪審團。

辛普森悖論

　　我先講個故事。

　　有人發現某著名大學有歧視女性之嫌，他摘錄了這所學校的公開資料，資料顯示，該校某年共有男性申請人304名，最後錄取了其中的209人。同年該校有253名女性申請人，最後錄取了其中的144人。經過簡單的計算可得，男女申請人的錄取比率分別約為69%（209/304×100%≈69%）和57%（144/253×100%≈57%）。男性與女性的錄取率相差過於懸殊，所以，這說明明顯歧視女性。

　　這件事引起了社會上的廣泛關注，畢竟，歧視女性可是大罪名，而且，這些資料都是學校官方的公開資料，鐵證如山。

　　對此，學校管理層非常重視，立即展開調查。他們把所有院系的錄取資料都收集起來，然後進行分析。這所學校有很多系，但歸屬於兩個大的學院——文理學院和商學院。這兩個學院分別報上自己的錄取數據，如表6-1所示。

表6-1　文理學院與商學院的錄取數據

	文理學院	商學院
男性錄取人數	8	201
男性申請人總數	53	251
男性錄取率	15%	80%
女性錄取人數	52	92
女性申請人總數	152	101
女性錄取率	34%	91%

　　文理學院說：你看，我們沒問題啊。我們學院女性的錄取率是34%，明顯高於男性的錄取率15%。要投訴，也是男同學投訴吧。

　　商學院說：我們也沒問題啊。我們學院女性錄取率是91%，也高於男性錄取率80%。我們也沒有歧視女性啊。

　　神奇的事情發生了。兩個學院都是女性錄取率高於男性錄取率，但是資料匯總在一起，卻出現了男性錄取率高於女性錄取率的情況，這是怎麼回事呢？難道是資料出錯了？可是，把男女申請人總數加總，再把男女錄取人數加總，都完全對得上。天啊，這怎麼可能！

　　這就是統計這個數學分支讓人頭疼的地方。你知道一定有哪裡出錯了，但是不知道錯在了哪裡。最早發現並研究這個問題的，是英國統計學家E.H.辛普森（E. H. Simpson），因此這個現象後來被稱為「辛普森悖論」（Simpson's Paradox）。

　　那麼，問題到底出在哪裡？出在分群組原則上。某些特定的分群組原則確實有可能導致「在總評中弱勢的一方在分組比較中反而占優勢」這種情況的出現。

　　這個學校（非故意地）把全校學生分成了兩組：文理學院和商學院。在兩個分組（文理學院、商學院）中，女性都「贏了」男性；但是在總評（全校）中，男性卻「贏了」女性。

　　這是怎麼做到的呢？怎麼分組才能達到這麼神奇的效果呢？

　　那你就要請教比辛普森早了約2000年、給田忌賽馬出主意的那個智者孫臏了。是的，你沒看錯，我說的就是你小時候學過的「田忌賽馬」。如果我說辛普森悖論和田忌賽馬的本質是一樣的，你信嗎？

　　我們回想一下田忌賽馬的故事。

　　齊威王和將軍田忌經常賽馬，兩人各出三匹馬（我們以齊1、齊2、齊3和田1、田2、田3來代指這六匹馬），捉對比賽，三局兩勝。

　　首先，我們來看一下總評。從實力上來說，齊1＋齊2＋齊3＞田1＋田2＋田3，所以總評是「齊＞田」，這相當於這所學校的總體錄取率「男生＞女生」。

　　然後，孫臏給田忌出了一個分群組原則：「以君之下駟與彼上駟，取君上駟與彼中駟，取君中駟與彼下駟。」

　　用數學語言來表述，就是把六匹馬分成以下三組。

　　◇ 第一組：田1 VS齊2（田勝）；

　　◇ 第二組：田2 VS齊3（田勝）；

　　◇ 第三組：田3 VS齊1（齊勝）。

　　最終，田忌三局兩勝，贏了齊威王。這充分展現了「在總評中弱勢的一方在分組比較中反而占優勢」。

原來，關鍵就在於分群組原則。你是不是馬上聯想到為什麼歷史上有那麼多以弱勝強的戰役？是的，這正是因為指揮作戰的將領們運用了各種各樣的分群組原則。一部兵書，可能半部都是統計學，你用好了，強敵也抵抗不住。

那麼，分群組原則會對我們的日常生活或者創業產生什麼影響呢？

我舉個例子。有一個App開發商想增加廣告預算，用於觸及那些購買轉化率高的用戶群體，以增加營收，但他們不知道廣告預算應該更傾向於蘋果用戶還是安卓用戶。於是，他們對蘋果和安卓的總用戶、轉化用戶、轉化率進行了統計與分析，得到了一些資料，如表6-2所示。

表6-2　蘋果用戶與安卓使用者的各項資料

	總用戶	轉化用戶	轉化率
蘋果用戶	5000	200	4%
安卓用戶	10000	550	5.5%

資料顯示，蘋果用戶的轉化率為4%，安卓用戶的轉化率為5.5%，看上去，應該把廣告預算花在安卓使用者上。

這時，一位營運人員提出了不同意見。他提供了一份更詳細

的手機用戶、平板電腦使用者的拆分數據，如表6-3所示。

表6-3　手機用戶與平板電腦使用者的拆分數據

	總用戶	轉化用戶	轉化率
蘋果用戶	5000	200	4%
蘋果手機用戶	3500	100	2.86%
蘋果平板電腦用戶	1500	100	6.67%
安卓用戶	10000	550	5.5%
安卓手機用戶	2000	50	2.5%
安卓平板電腦用戶	8000	500	6.25%

　　果然，神奇的事情出現了。在這份資料裡，蘋果手機用戶的轉化率（2.86%）高於安卓手機用戶（2.5%），而蘋果平板電腦用戶的轉化率（6.67%）也高於安卓平板電腦用戶（6.25%）。在手機用戶和平板電腦用戶這兩個分組裡，蘋果用戶反而都完勝安卓用戶。

　　這簡直是網際網路行業的「辛普森悖論」。

　　那麼，問題來了：你到底要把預算投向蘋果使用者，還是安卓用戶？

　　其實，最應該投的是蘋果平板電腦用戶。安卓陣營內手機用

戶和平板電腦用戶數量的懸殊、整體資料裡蘋果使用者和安卓用戶數量的懸殊，把蘋果平板電腦用戶的優秀轉化率掩蓋了。在進行更細化的分組後，它才得以顯露出來。

你看過的那些言之鑿鑿的統計報告真的那麼可信嗎？研究研究它們的分群組原則吧。

倖存者偏見

第二次世界大戰（簡稱二戰）期間，盟軍派飛機轟炸德軍基地，結果大部分飛機被擊落了，只有少數幾架飛機飛了回來，機翼上全是彈孔。

這可怎麼辦啊？還要去作戰呢。於是，司令決定用鋼甲加強機翼。

這時，一位擔任盟軍顧問的統計學家說：「司令，你看到這些機翼中彈的飛機飛回來了，也許正是因為它們的機翼很堅固；這些飛機機頭機尾都沒有中彈，也許正是因為一旦這些部位中彈，飛機就再也飛不回來了。」

司令大驚，派人前去戰地檢查飛機殘骸，果然，被擊落的飛機基本都是機頭機尾中彈。

飛回來的飛機並不知道自己是怎麼飛回來的，只有被擊落的飛機才知道。但是，被擊落的飛機已經永遠無法開口。倖存者身

上的那些看不見的彈痕，往往最致命。

這就是倖存者偏見。

為什麼會出現倖存者偏見？我們先來看圖6-13。

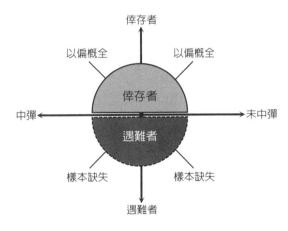

圖6-13　倖存者偏見

要想統計機翼是不是容易中彈，我們調查的樣本應該是全部樣本，包括倖存者和遇難者。但是，我們能看到的只有倖存者，所以，我們總是習慣於從倖存者身上總結特徵，這就容易犯以偏概全的錯誤。

網上有個關於「春節搶火車票」的故事。記者在高鐵上採訪乘客：「請問，您買到回家的火車票了嗎？」乘客說：「買到了。」記者又問另一個乘客：「請問，您買到票了嗎？」乘客

說：「我也買到了。」於是，記者說：「我們調查了很多乘客，發現他們全都買到了回家的火車票。」

車上的乘客全都是「春節搶火車票」大戰的倖存者，只問他們，得出的自然是以偏概全的荒謬結論。

創業也是一樣。人性使我們更喜歡向成功者學習，因為他們成功。但當你向越來越多的企業家學習了之後，發現他們大都會說：我的成功是靠堅持。

他們的成功真的是靠堅持嗎？

所有成功的企業家都是商業世界的倖存者，只學習這些倖存者是不可能得出正確結論的。要想找到真正的成功祕訣，你應該在全部樣本中抽樣統計，去採訪一下那些創業失敗的人。當你這樣做了之後，你可能會發現，他們也挺堅持的，只是堅持的事情不對。你可能會發出一聲歎息，感慨他們為什麼這麼鑽牛角尖、這麼固執。

可是，憑什麼成功者的堅持叫「堅持」，失敗者的堅持就叫「固執」呢？實際上，他們同樣「堅持」，只是「堅持的事情」不同。對事情的選擇，也許才是決定他們成敗的關鍵原因。

透過數學，你看清創業的真相了嗎？

結語

機率與統計是我建議大家認真學習的數學語言。

這個世界從來都是不確定的。只有懂得機率和統計,才能理解世界的不確定性並且不焦慮,才能重新認識創業。

我祝願你看清創業的真相後,依然熱愛創業,並且獲得創業成功。

下面一章是最後一章,我們來聊一個有趣的數學問題:博弈。

第 **7** 章

博弈論
找到「最優解」，成為最後的贏家

博弈論是天才馮紐曼（John von Neumann）在數學上的重要貢獻之一。後來，美國數學家約翰・納許（John Nash）發展了這一理論，並提出了著名的納許均衡（Nash Equilibrium）。

他們所研究的博弈論問題究竟是什麼？

為了回答這個問題，我們先來看一個問題：參加足球賽和自己跑步最大的不同是什麼？

參加足球賽有對手，而自己跑步沒有對手。

我們把有對手的比賽稱為「Game」，如奧林匹克運動會的英文就是「Olympic Games」，它是一項多人參與的競技比賽。有對手，才有冠軍、亞軍、季軍。這裡的「Game」指的不是遊戲，而是複數主體之間的對抗。

博弈論（Game Theory）講的也是「Game」，它研究的問題是：在複數主體下，如何做戰略決策？

既然是複數主體，做決策的人就不僅僅是「我」這一個單獨的主體，而是多個主體。不同主體的決策是相互影響、相互制約的。

這時，應該怎麼做決策？

我們來看圖7-1，這是一場正在進行的足球賽，現在球在頭上帶有標記的球員的腳下，他到底是該往前跑、往左跑，還是繞過對方？

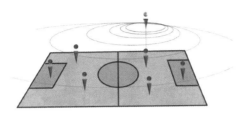

7-1　參加博弈的局中人vs支配博弈的規則

　　這名球員需要做一個決策。他必須思考很多問題：對面的球員會怎麼阻擋我？他們之間會如何配合？我進攻的話，我的隊員怎麼配合我？等等。

　　如果他想贏得比賽，他就要從「局中人」的角色中跳出來，根據整場比賽的規則和全場局勢，做出對自己最有利的決策。

　　他要試著站在半空中去思考，縱觀全域，理解場上每一個人做決策時所面臨的利益得失及其與自己的關係。

　　這就是博弈。

　　前面幾章，我幫助大家用數學思維理解了商業的目的是提高決策品質。但是，認真想一想，你會發現那都是從單一決策方的視角出發的。

　　我們把世間萬物放在「笛卡兒座標系」中，理解世間財富的「變異數」，控制獨立的隨機事件以減少「標準差」，不斷用「貝氏定理」提升成功的「機率」，用「四則運算」管理財務，

追求「指數增長」，在「冪律分佈」的世界中求得自己在「統計」學意義上的成功。

這些決策假設的交易對手，都是客觀的、可以被量化的，或者是目前尚未可知但一定按照確定的方式運行的規律（即使是機率）。

但是，一旦有了「人」這個對手，一切就不一樣了。你在決策時，別人也在決策。這些決策相互影響，甚至相互交織，從而使那些奇妙的決策顯得很愚蠢，使那些莫名其妙的決策產生奇效。

比如，你用統計工具分析出未來幾天市場上會突然出現10萬件漢服的缺口，頓時大喜過望，決定全力投入生產。殊不知，你隔壁的工廠做了同樣的決定。幾公里之外還有一家工廠，也做了這樣的決定。就這樣，幾天後，市場上多出了30萬件漢服。原本預測的「稀缺」變成了「過剩」。

比如，你發現今年的畢業生就業形勢不好，於是決定考研究所，給自己幾年緩衝時間。可是研究所成績出來後，錄取分數線竟然高到了「天上」，原因是很多人出於同樣的原因選擇了考研究所。一個人努力，能提高分數；一群人努力，只能提高分數線。

再比如，你找到了一個冪律分佈的市場，發現裡面有超額利

潤，於是決定做一款低價產品分一杯羹。沒想到的是，巨頭也做了一款低價產品，瞬間把你「踩死」。但因為低價，巨頭利潤大減，元氣大傷。你很難理解，看起來挺聰明的巨頭，為什麼要這樣「損人不利己」。

你的決策品質不僅和「天」有關，和「地」有關，還和你旁邊的「人」有關。

這一章，我們就講講博弈論，以及在複數主體下如何做戰略決策。

下面，讓我們從幾個最基本的概念開始。

▌想贏？你需要瞭解博奕論的基本概念

　　你可能在經濟學的書裡看到過博弈論，在社會學的課堂上聽到過博弈論，是的，博弈論的應用很廣。不過，很多人可能忽視了一點：博弈論首先是一個數學問題。發明博弈論以及對博弈論的發展做出巨大貢獻的馮·諾依曼、約翰·納許都是數學家。

　　想要理解博弈論，你至少要理解三個基本概念：收益矩陣、占優策略、納許均衡。

收益矩陣

　　收益矩陣有很多名字，比如支付矩陣、報酬矩陣、贏得矩陣、得益矩陣，但無論叫哪一個名字，其中都有「矩陣」二字。因為一旦決策者從單人變為至少雙人，決策就從一維的得失問題變為二維的利害關係問題了。

　　舉個最簡單的例子。A和B玩「剪刀石頭布」遊戲。對A來說，剪刀、石頭、布，出哪一個，他的得失最大呢？顯然，這取決於B出什麼。B的選擇和A的選擇共同決定了彼此的利害關係，如表7-1所示。

表7-1　A和B的選擇共同決定彼此的利害關係

收益矩陣（A，B）		B的選擇		
		石頭	剪刀	布
A的選擇	石頭	（0，0）	（1，-1）	（-1，1）
	剪刀	（-1，1）	（0，0）	（1，-1）
	布	（1，-1）	（-1，1）	（0，0）

　　A和B都關心自己的得失，但是他們的得失交織在一起，構成了這張利害關係表。

　　當A出石頭時，如果B出剪刀，則收益為（1，-1），這意味著A加1分，B減1分。

　　如果B因為預判了A會出石頭而出了布，那收益就變成了（-1，1），情況完全逆轉：A減1分，B加1分。

　　如果A預判了B的預判（知道B由於預判自己出石頭而出布），於是出了剪刀，情況就再次逆轉，收益變為（1，-1），A加1分，B減1分。

　　然後，B再繼續預判A對B預判的預判……他們拳不動，心在動。兩人不斷博弈，他們各自的得失也因此在這個收益矩陣裡不斷遊走。六輪之後，他們回到了原點，如表7-2所示。

表7-2　六輪博弈後A和B回到原點

收益矩陣（A，B）		B的選擇		
		石頭	剪刀	布
A的選擇	石頭	（0，0）	（1，-1）¹	（-1，1）²
	剪刀	（-1，1）⁴	（0，0）	（1，-1）³
	布	（1，-1）⁵	（-1，1）⁶	（0，0）

　　這就是收益矩陣。每個用語文來描述的遊戲規則（Game Rule）翻譯成數學語言，都是一個收益矩陣。在這個收益矩陣裡，決策雙方都在研究如何擴大自己的贏面，最好讓自己穩贏。

　　那麼，在「剪刀石頭布」的收益矩陣裡，有誰可以穩贏嗎？

　　沒有。

　　一個穩贏的遊戲，是沒有生命力的遊戲。圍棋、象棋、國際象棋、五子棋或者「剪刀石頭布」，這些流傳了幾百上千年的遊戲，都沒有穩贏的策略。因為如果有人穩贏，輸掉的一方必然不會再參與了，這個遊戲也就無法流傳下來。

　　可是，我們研究博弈論，不就是為了贏嗎？這個世界上有「穩贏」的策略嗎？

　　有的，那就是占優策略。

占優策略

占優策略，又稱優勢策略、支配性策略，它指的是這樣一種策略：如果你採取行動，我會占據優勢；如果你不採取行動，我也會占據優勢。無論如何，兩次我都能占據優勢。

比如，A和B都是咖啡品類的領導品牌，面對激烈的市場競爭，它們要做一個決定：是否投放廣告？

A投廣告，A的收益會增加。B投廣告，B的收益會增加。但是，如果A和B都投了廣告……廣告商的收益會增加。很糾結，到底是投還是不投呢？

看看數據吧。A對市場進行了調研，列出了一個收益矩陣，如表7-3所示。

表7-3　A在市場調研後列出的收益矩陣

收益矩陣（A，B）		B的選擇	
		投廣告	不投廣告
A的選擇	投廣告	（5，5）	（15，0）
	不投廣告	（0，15）	（10，10）

在這個收益矩陣裡，如果B選擇投廣告（第一縱列），那麼A投廣告的收益是5，不投廣告的收益是0，所以，A應該投廣

告。

如果B選擇不投廣告（第二縱列），那麼A投廣告的收益為
15，不投廣告的收益為10，所以，A還是應該投廣告。

也就是說，不管B怎麼選擇，A都應該投廣告，因為「投廣
告」對A公司來說是最優戰略。所以，投廣告是A的占優策略。

B進行了一番計算後，發現投廣告也是自己的占優策略，如
表7-4所示。

表7-4　投廣告是A和B的占優策略

收益矩陣（A，B）		B的選擇	
		投廣告	不投廣告
A的選擇	投廣告	(5，5)	(15，0)
	不投廣告	(0，15)	(10，10)

這就是為什麼這個世界上到處都是鋪天蓋地的廣告。

但是，如果你仔細看看這個收益矩陣，可能會產生一個疑
問：不對吧？A、B都投廣告，雙方的收益各是5，但是如果A、
B都不投廣告，雙方的收益都是10。很明顯，雙方都不投才是最
佳結果啊。

你說的沒錯。如果都不投廣告，確實雙方受益都會更大。

明明「都不投」才是最佳結果，為什麼「都投」才是占優策略呢？

因為「都不投」看上去很美好，卻不是一個納許均衡。

納許均衡

什麼是「納許均衡」？簡單來說，納許均衡就是一種博弈的「穩定結果」，誰單方面改變策略，誰就會受到損失。比如，前面廣告案例中的（5，5）這個單元，就是一個納許均衡。

假如A和B都選擇投廣告，這時，如果A單方面改變結果（來到下面1格），它的收益會從5變為0，不划算，所以A不會改變主意。如果B單方面改變結果（來到右邊1格），它的收益也會從5變為0，同樣不划算，所以B也不會這麼做。A和B都沒有動力改變策略，所以（5，5）很穩定，達到了納許均衡，如表7-5所示。

表7-5　（5，5）是一種納許均衡

收益矩陣（A，B）		B的選擇	
		投廣告 ⟶✕⟶ 不投廣告	
A的選擇	投廣告	（5，5）	（15，0）
	不投廣告	（0，15）	（10，10）

納許均衡是一個最穩定的狀態，但不一定是好的狀態。穩定在好的狀態上的納許均衡，是「好的納許均衡」；穩定在不好的狀態上的納許均衡，是「壞的納許均衡」。

我舉個例子。

經常有顧客到A服裝商店問「有沒有大碼女裝」，得到否定答案後，顧客只能失望而歸。這種情況頻繁出現，於是，A服裝店要做一個決定：要不要進大碼女裝？進的話，的確能滿足大碼女性的需求，但萬一她們不來買衣服呢？或者來得不多呢？那庫存能拖「死」自己。可如果不進，不就賺不到本來能賺到的錢嗎？A服裝店老闆很糾結。

我們根據A服裝店的糾結和B（大碼女性）的選擇列出一個收益矩陣，如表7-6所示。

表7-6　A服裝店和B的收益矩陣

收益矩陣（A，B）		B大碼女性	
		進店購物	不進店購物
A服裝店	進大碼女裝	（10，10）	（-5，0）
	不進大碼女裝	（0，-5）	（0，0）

簡單進行計算後，你會發現，這個表裡有兩種納許均衡。

◇ 均衡1（0，0）：A服裝店不進貨，B不來。

在這種狀態下，A服裝店沒有理由單方面改變現狀，因為B不來，它進貨就虧；B也沒有理由單方面改變現狀，因為A服裝店沒貨，她去就是浪費時間。所以，（0，0）是一種納許均衡。

◇ 均衡2（10，10）：A服裝店進貨，B來買。

在這種狀態下，A服裝店沒有理由單方面改變現狀，因為B都來了，它當然要進貨；B也沒有理由單方面改變現狀，因為A服裝店既然有貨，她也需要，當然要來買。所以，（10，10）也是一種納許均衡。

顯然，（0，0）是一個「壞的納許均衡」，因為雙方都受到了損失；而（10，10）是一個「好的納許均衡」，因為雙方都受益，如表7-7所示。

表7-7　（0，0）和（10，10）都是納許均衡

收益矩陣（A，B）		B大碼女性	
		進店購物	不進店購物
A服裝店	進大碼女裝	(10，10)	(-5，0)
	不進大碼女裝	(0，-5)	(0，0)

那麼，最後大家會穩定在「好的納許均衡」還是「壞的納許均衡」上呢？

這就要看商家的策略了。這時，定位是一個非常重要的博弈策略。A服裝店要告訴所有人，它的定位就是只銷售大碼女裝，然後占領消費者的心智。這樣，當消費者有這樣的需求時，就會到A服裝店來購買衣服。A服裝店可以放心地進非常豐富的貨，而且進的貨越豐富，消費者來了就越喜歡，來得也就越頻繁。

「好的納許均衡」一旦出現，就會非常穩定。只要你不「作死」，數學的力量會讓你的生意越來越好。

經典博奕中的決策智慧

在簡單介紹了收益矩陣、占優策略、納許均衡這三個最基本的博弈論概念後，我們來看看在真實的商業世界裡，在複數主體的情況下，博弈論是如何幫助我們做決策的。

智豬博弈：「搭便車」策略

假設你是一個創業者，你公司有一個很好的創意——擦天花板的機器人。天花板上其實是有不少灰塵的，但是人們通常不重視，也很難擦到，這款擦天花板的機器人剛好能幫助人們解決這個問題。你和你的團隊集中全力研發，很快將產品推向市場。果然，這款擦天花板的機器人在市場上大受歡迎，你們特別高興。

可是，幾個星期後，你發現某家電巨頭也推出了一款擦天花板的機器人。因為這家公司的研發實力強、市場管道廣，這款新產品的銷量很快就超過了你公司的產品，甚至使你公司的產品出現了銷量下滑的勢頭。你非常痛苦，也非常氣憤：你們這樣也太不像個大公司了吧？

先別生氣，這樣的事情其實一點都不奇怪，甚至很正常。

為什麼？

你需要理解一個非常經典的博弈論模型 —— 智豬博弈（Boxed pigs game）。

假設有一個很長的豬圈，豬圈的兩端分別是桿子和食槽，這一端拉桿，另一端才會有食物掉入食槽。現在，豬圈裡有一頭大豬和一頭小豬，誰跑去拉桿，都要在一來一回的路上消耗不少能量，而且，守在食槽旁的豬更占便宜，可以先吃到食物。

問題來了：誰去拉桿？

假設大豬和小豬跑一個來回的消耗都是2，食物掉一次是10份，我們用一組數字來量化思考一下，會發現有以下四種情況。

◇ 小豬、大豬都不拉桿。誰都沒得吃，收益都是0。

◇ 小豬拉桿，大豬不拉桿。小豬去拉桿消耗2，當小豬跑回來吃時，大豬已經吃掉了9份，小豬只搶到1份，那麼，小豬收益是-1，大豬是9。

◇ 小豬、大豬都拉桿（拉桿兩次，只掉一次食物）。消耗都是2，大豬跑得快、吃得多，吃了7份，而小豬只吃了3份，那麼，小豬收益是1，大豬是5。

◇ 大豬拉桿，小豬不拉桿。小豬在大豬跑去拉桿時先吃了2份，等大豬跑回來還剩8份，大豬吃得快，搶了6份，小豬又吃到2份，那麼，小豬收益是4，大豬也是4。

用博弈論的語言來表述，就是表7-8的收益矩陣。

表7-8　智豬博弈的收益矩陣

收益矩陣（A，B）		B大豬	
		拉桿	等待
A小豬	拉桿	（1，5）	（-1，9）
	等待	（4，4）	（0，0）

在這個收益矩陣裡，有占優策略嗎？

有的。對小豬來說，等待是它的占優策略。如果大豬拉桿，小豬等待的收益是4，比拉桿的收益1大；如果大豬等待，小豬等待的收益是0，比拉桿的收益-1大。所以，無論如何小豬都會等待。

如果小豬無論如何都會選等待，那麼大豬的策略應該是什麼呢？應該是拉桿。選擇拉桿，大豬的收益會從等待的0變為拉桿的4。

可見，大豬拉桿、小豬等待是一個納許均衡，如表7-9所示。

表7-9　智豬博弈的納許均衡

收益矩陣（A，B）		B大豬	
		拉桿	等待
小豬	拉桿	（1，5）	（-1，9）
	等待	（4，4）	（0，0）

這對我們的啟發是什麼？

對小公司來說，等大公司教育好市場後「搭便車」是最佳策略；而對大公司來說，在一個小公司都想搭便車的領域裡，只好選擇「還是我來吧」。

但是，如果小豬就是要選擇「拉桿」，也就是提前進入，承擔「教育市場」的工作呢？那大豬會求之不得。大豬會等在食槽邊，等小豬真的教育了市場，並且真的「掉食物」了，迅速推出自己的產品，搶奪勝利的果實。這就是小公司一旦驗證了「擦天花板的機器人」這個市場存在，大公司就一定會進入的原因。

早期小米也想做智慧手錶，但它沒做，為什麼？

當時如果小米對使用者說「你們需要一款智慧手錶」，用戶可能會想：手機這麼好用，為什麼要用手錶啊？對早期的小米公司來說，教育用戶發現智慧手錶的價值是一件非常困難的事。

而蘋果這隻「大豬」來做這樣的事就輕鬆得多。如果蘋果推

出智慧手錶，很多用戶會感覺一種新的**趨勢**已經出現。而且，蘋果把這個市場做起來了，整個供應鏈、配套產品、上下游關係都會更成熟。

後來，小米跟著蘋果推出了小米智慧手環，因為借力前行，整個市場的教育成本大大降低，最終小米智慧手環反而賣到了「全球第一」。

現在回到開頭說的那家研發「擦天花板的機器人」的創業公司。這家公司所做的事情就相當於「小豬拉桿」。這隻「小豬」可能已經嘗試了很多產品，從捲髮棒、麵包機到吸塵器，突然間發現「擦天花板的掃地機器人」火起來了，它趕快「衝回食槽邊」，卻發現「大豬」早就守在那裡了。

那是不是小公司就永遠只能「搭便車」呢？

當然不是。如果你不想「搭便車」，你進入的領域最好是大公司「跑不到的地方」。

比如，赫茲（Hertz）和安維斯（AVIS）曾經是美國排名第一和第二的租車公司。第二名的安維斯（即「小豬」）是如何在第一名的陰影下如魚得水的？

安維斯打了支廣告：「因為我是第二名，所以我不排隊。」赫茲看了之後，恨得牙癢癢，卻一點辦法都沒有，因為它總不能說「因為我是第一名，所以我也不排隊」吧。用戶會想：你是第

一名，你用戶多啊，你怎麼能不排隊呢？

「不排隊」這個特性，就是「大豬」赫茲「跑不到的地方」。

再比如海底撈和巴奴火鍋。

巴奴火鍋曾經有一句廣告語，叫「服務不是巴奴的特色，毛肚和菌湯才是」，後來被更新為「服務不過度、樣樣都講究」。

看見這條廣告，我特別想問：你說誰服務過度了？這時第一名的心態只能是恨得牙癢癢，因為「弱化」服務價值是第一名「跑不到的地方」。

另外，智豬博弈不僅僅會出現在大公司與小公司之間，也會出現在優秀員工和落後員工之間。

「大豬」（優秀員工）不斷拉下「創收的桿」，食物源源不斷地掉下來，但是「小豬」（落後員工）早就等在那裡了。雖然它們吃得不多，但是畢竟不用花力氣啊。這就是公司內部的「搭便車」現象。這對優秀員工是不公平的，很多人會因此離開。

所以，一個健康的組織一定要想辦法避免智豬博弈帶來的「搭便車」現象，比如堅持不懈地調整分配制度，多勞多得，少勞少得，保護強者不被弱者占便宜。

膽小鬼博弈：怎麼才能讓對方相信我比他先瘋

1962年10月28日，美國總統甘迺迪手握核能按鈕，正在做一個痛苦的決定：要不要向蘇聯宣戰？美國的安全受到了巨大的威脅，但是他知道，如果兩個核能大國因此打起來，就是一場誰也回不了頭的熱核戰爭，就是第三次世界大戰。

這一刻是近100年來人類最危險的時刻。

美國究竟受到了什麼威脅以至於要用核能戰爭來解決問題？制裁不行嗎？增加關稅、減少汽油進口，不能解決問題嗎？

可能不能。因為當時的蘇聯領導人赫魯雪夫已經瞞天過海地把一批導彈核武器部署在古巴了。

從1962年7月開始，蘇聯對幾十枚導彈和幾十架飛機進行拆卸、偽裝，用集裝箱祕密地運到古巴。每一枚導彈都攜帶一枚比廣島原子彈威力強20~30倍的核彈頭。隨後，3000多名技術人員也陸續乘船前往古巴。

古巴和美國隔海相望，而蘇聯部署的這些導彈核武器，射程可達2000英里[23]。美國的大片國土瞬間直接暴露在蘇聯的核能威懾之下。

1962年9月2日，赫魯雪夫公佈了這批武器的存在。但他安慰美國：哦，我是運過去了，但我沒打算發射，別瞎擔心。

23　1英里＝1.609 344千米。

甘迺迪知道後，暴怒不已。

可是，為什麼赫魯雪夫要把導彈核武器部署在古巴呢？這也玩得太大了吧？

這是因為1959年美國在義大利和土耳其部署了中程彈道導彈「雷神」和「朱比特」。土耳其地處歐亞交界，與蘇聯相鄰。美國在土耳其部署中程導彈，使蘇聯的國土安全受到了嚴重的軍事威脅。

於是，蘇聯以牙還牙：你拿導彈，我就拿導彈核武器。

1962年10月22日，甘迺迪宣佈武裝封鎖古巴。在68個空軍中隊和8艘航空母艦的護衛下，由90艘軍艦組成的美國艦隊大舉出動，將古巴海域徹底封鎖。同時，大批美國軍隊在佛羅里達集結，做好了入侵古巴的準備。而載有核彈頭的美國轟炸機，也在古巴周邊的上空一直盤旋。

赫魯雪夫沒想到，歲數比他小很多、看似軟弱的甘迺迪居然態度如此強硬。蘇聯部署在古巴的導彈核武器，也做好了隨時發射的準備。

一場世界大戰，一觸即發。

可是，怎麼就走到了這一步呢？到底是什麼把局勢推到了熱核戰爭的邊緣？

是膽小鬼博弈。

在一條鄉間的小路上，兩輛車相向疾馳。他們發現了彼此，但誰都不想讓路，都拚命按喇叭，讓對方讓開。但對方也不讓，兩輛車眼看就要相撞了。

這時，一輛車裡扔出了一副眼鏡：我高度近視，我是瘋子，你識相一點。不讓的話，就等著同歸於盡吧。

另一輛車也不甘示弱，扔出了方向盤：我怕你？我才是瘋子好嗎？我是不可能讓路的，我連方向盤都拆了，膽小鬼！

第一輛車裡的司機一聽憤怒不已，乾脆把眼睛給蒙上了：我是膽小鬼？我不看，我不看，你扔什麼我都不看。看看誰是膽小鬼！

這就是膽小鬼博弈。

現在，我們為膽小鬼博弈創建一個收益矩陣，如表7-10所示。

表7-10　膽小鬼博弈的收益矩陣

收益矩陣（A，B）		B	
		認輸	硬撐
A	認輸	（0，0）	（-5，5）
	硬撐	（5，-5）	（-100，-100）

在這個收益矩陣裡,有沒有占優策略以及納許均衡?

沒有。

同時認輸(0,0)並不是一個穩定的納許均衡。因為一旦知道對方認了,自己硬撐會獲得收益,硬撐的人就會像英雄一樣,收穫利益,並且嘲笑認輸的人。

同時硬撐(-100,-100)也不是一個穩定的納許均衡。一旦確定對方真的會硬撐,自己是不會坐等車毀人亡的,一定會認輸。

所以,在膽小鬼博弈的收益矩陣裡沒有穩定的納許均衡,也沒有必然受益的占優策略。

那怎麼辦呢?

這時,大家會鋌而走險,往外扔眼鏡,扔方向盤,甚至蒙上眼睛。這就是膽小鬼博弈的可怕之處 —— 必須讓對方以為自己「瘋」了。而你之所以做出所有這些行為,都是為了讓對方認為你確定、一定以及肯定會硬撐到底。

在這種情況下,對方只有兩種結果:一種是退讓,但從此會被扣上「膽小鬼」的帽子;另一種是不願被當作膽小鬼,寧願玉石俱焚。

那麼,最後到底是玉石俱焚,還是有誰當了膽小鬼?

1962年10月26日,赫魯雪夫給甘迺迪寫了一封信,稱如果美

國承諾不入侵古巴，並且不允許其他國家入侵，蘇聯將撤回艦隊，形勢將大為改觀。10月27日，白宮又收到第二封信，稱如果美國同意從土耳其撤走中程導彈，蘇聯也會從古巴撤走導彈核武器。

用土耳其交換古巴，是甘迺迪不能公開答應的。怎麼辦？冷靜的甘迺迪做了一個聰明的決定：不回復第二封火藥味更濃的交換郵件，而是只回復第一封。

甘迺迪回信說，非常高興您在10月26日的來信中表達了關於和平的願望。只要您從古巴撤走武器，我們願意按照此信和第二封信中提出的辦法與您達成一致意見。

赫魯雪夫理解了甘迺迪的暗示，他迅速廣播了他的回信：撤走武器。

大約兩個月後，甘迺迪也默契地撤走了部署在土耳其的武器。一場熱核危機終於解除。

是誰導致了這場危機？是美國在土耳其部署導彈，還是蘇聯在古巴部署核武器？其實，不管是誰的錯，在手握核按鈕的時候討論這個問題都是沒有意義的。不要用「對錯」架起決策者，從而把一方要嘛逼成瘋子，要嘛逼成膽小鬼。

赫魯雪夫在表面裝瘋的時候，暗地裡告訴對方：「我們都是清醒的，不要陷入膽小鬼博弈。」甘迺迪在血氣方剛的年紀做到

了冷靜，冷靜、再冷靜，然後把面子留給別人，裡子各自揣著。在一場幾乎就要全輸的世界大戰前夜，雙方都把手從核按鈕上收了回來。

在商業世界，也存在著膽小鬼博弈。

2012年8月，蘇甯副董事長孫為民說：「不賺錢，也要堵截京東。」一場3C[24]零售史上最慘烈的價格戰由此掀起。

8月13日晚，京東董事長劉強東發佈微博：「今晚，莫名其妙地興奮。」然後，京東頻頻出招，劉強東發微博聲稱：京東大家電三年內零毛利，採購銷售人員哪怕加上1元毛利，都將立即被辭退；京東還將招收5000名「情報員」，一旦發現京東比對手便宜不足10%就立即降價或現場發優惠券。劉強東還和股東開會，問股東：「這場『戰爭』會消耗很多現金，你們什麼態度？」股東回答說：「我們除了有錢什麼都沒有。」

蘇甯也不甘示弱，先是聲稱啟動史上最強力度促銷，所有產品價格必低於京東，然後又發行債券用於補充營運資金和調整公司債務結構。

這兩家公司的價格戰打得如火如荼，國美、當當等公司也不得不捲入，國美甚至放言：從不迴避任何形式的價格戰，全線商品價格將比京東低5%。

---

24 電腦類、通信類和消費類電子產品的統稱。

一時間，捲入價格戰的所有公司都陷入了膽小鬼博弈：你知道價格戰對行業是不利的，我也知道你知道價格戰對行業是不利的。我不想打價格戰，但是在打價格戰這件事情上，我是不可能認輸的。不然，臉往哪裡擱？

一個說「我們除了有錢什麼都沒有」，一個發行債券用於補充營運資金，還有一個直接降價，本質上都是在說「我瘋了，我是真瘋了，我已經蒙上眼睛了」，試圖透過這種方式嚇退競爭對手。

那麼，最後結局怎樣呢？國家發展改革委員會約談了京東、蘇寧、國美，叫停了價格戰，並勒令它們自查自糾。

三個司機蒙眼開車，被交通警察攔下了。

膽小鬼博弈，是一個很兇猛、副作用很大的博弈。

慎用。

金球遊戲：承諾、信任以及貪婪的終極考驗

這是一個極其精彩的真實故事，來自英國廣播公司（BBC）曾經做過的一檔叫作《金球遊戲》（Golden Balls）的節目。

在這個節目中，經過一番角逐後，僅剩的兩個選手將爭奪鉅額獎金。主持人會給每個選手兩個金球，其中一個金球上寫著「平分」（Split），另一個金球上寫著「全拿」（Steal），選手

要從這兩個金球裡選一個。兩個人的不同選擇，會導致不同的結果。

◇ 如果都選了「平分」，兩個人就平分獎金。

◇ 如果都選了「全拿」，兩個人都兩手空空。

◇ 如果一個人選了「平分」，另一個人選了「全拿」，選「全拿」的人會拿走全部獎金，而選「平分」的人什麼都沒有。

那麼，你會選「平分」，還是「全拿」？

這真是對人性的考驗：如果都選「平分」，那麼無論在道義上還是利益上，對兩個人都是很好的；如果對方選了「平分」，那麼自己選「全拿」，把獎金全部拿走，當然更好；但如果對方也是這麼想的，大家就都一無所獲。

我們把這些關於人性的問題放在一邊，先從數學的角度來理解這個遊戲。

先創建一個收益矩陣，如表7-11所示。

表7-11　金球遊戲的收益矩陣

收益矩陣（A，B）		B	
		全拿	平分
A	全拿	（0，0）	（100，0）
	平分	（0，100）	（50，50）

在這個收益矩陣裡有沒有占優策略以及納許均衡？

有。當A和B都選「全拿」（0，0）時，B是不會改變主意選「平分」的，因為這樣自己會一無所有，而對方卻能拿走所有獎金。A也是一樣。在這個收益矩陣裡，（0，0）是一個穩定的納許均衡。但是，明明（50，50）看上去是最佳結果啊！如表7-12所示。

表7-12　金球遊戲的納許什均衡和最佳結果

收益矩陣（A，B）		B	
		全拿	平分
A	全拿	（0，0） 人性	（100，0）
	平分	（0，100）	（50，50）

是的。其實，這就是這個遊戲的真正賽點。最佳結果明明唾手可得，但是數學卻告訴我們，大部分人直奔最後兩手空空的納許均衡而去。這就是人性，尋求個體利益最大化是人們無法抗拒的人性弱點。

金球遊戲就是一個考驗人性的遊戲。

經濟學鼻祖亞當‧斯密（Adam Smith）在《國富論》中說過，追求個人的利益，往往使一個人能比在真正出於本意的情況下，更有效地促進社會的利益。但是，博弈論告訴我們，不一定，至少有時候不是這樣的，比如在金球遊戲中，追求個人的利益帶來的結果是所有人都空手而回。

在金球遊戲的一期節目中，經過多輪角逐，只剩下互不相識的尼克和亞布拉罕兩個選手，而獎金池裡的獎金已經累積到了13,600英鎊。

所有人都好奇：他們會和前面的選手一樣，遵循人性，沿著數學規律，從最佳結果滑向壞的納許均衡嗎？

決賽開始。主持人說：「在做出『平分』還是『全拿』的選擇之前，你們可以先進行短暫的交流。」

尼克立刻說：「我會選『全拿』。」

亞布拉罕愣了，他怎麼都沒想到尼克的第一句話會是告訴自己他要「全拿」，他原本以為，尼克會用聰明的方法讓自己相信

他一定會選「平分」，因為同時選「平分」才是最佳結果。只有兩個人都選擇了「平分」，他們才能打敗遊戲設計者，拿到獎金。

尼克接著說：「但是，我向你保證，如果你選『平分』，我拿到錢之後會分你一半。但是如果你也選『全拿』，咱們就都空著手回家。」

這時，台下觀眾都笑了起來，因為這太不可思議了。主持人也好心地提醒亞布拉罕：「這個保證是沒有法律效力的。」

亞伯拉罕說：「我知道，我知道。」接著，他對尼克說：「我給你另一個選項吧。我們為何不都選擇『平分』？」

尼克堅定地說：「不。我選『全拿』。我保證，如果你選『平分』，之後我會把獎金分你一半。」

亞布拉罕被逼到角落，他對尼克說：「你向我許下了一個承諾，但我得先告訴你承諾的意義是什麼。我父親曾經跟我說過，一個人如果不守信用，就不值得被叫作人。這種人毫無價值，一文不值。」

尼克回答：「我同意。所以，我一定選『全拿』。我也保證，之後會跟你平分獎金。」

亞布拉罕要崩潰了，他吼道：「如果我也選『全拿』，我們會輸掉一切。如果最後我們空手而歸，都是你這個白癡害的！你

是個白癡，沒錯。」

主持人宣佈：「請選擇。」

亞布拉罕的手在「全拿」的金球上猶豫了一秒，但最後還是選擇了「平分」。對他來說，這可能是最好的選擇了。

然後，尼克也打開了自己選的金球，你猜那個金球是什麼？竟然是「平分」！

所有人都沒想到，堅定地說自己會選「全拿」的尼克最後竟然選擇了「平分」，這真是太令人意外了！

因為兩人最終的選擇都是「平分」，所以他們真的平分了獎金，滿載而歸。

尼克用一套不走尋常路的博弈策略，讓雙方最終守住了（50，50）這個最佳結果，沒有滑向（0，0）這個壞的納許均衡。

這個不走尋常路的博弈策略是什麼？

尼克其實並不相信亞布拉罕，人性有時候是經不起考驗的。很多選手一邊努力證明自己的人性是光輝的，一邊假設對方的人性也是光輝的，這太難了。這個世界上，怎麼可能都是好人？你是「好人」，但你很有可能會遇到一個「壞人」。你要學會的不是假設對方是「好人」，而是如何與「壞人」打交道。

而與「壞人」打交道的最佳方式就是把他逼至牆角，讓他為

了自己的利益做出你想要的選擇。

　　讓我告訴你後來發生了什麼。節目結束後，亞布拉罕在接受採訪時說，他根本就沒有見過自己的父親，是母親一個人把他養大的。

　　也就是說，他在撒謊。

　　也就是說，他想騙尼克選「平分」，而自己選「全拿」。

　　也就是說，他可能是一個「壞人」。

　　那些幽微的人性，我們也許永遠無法窮盡，也無法看清。我們能做的，是不管一個人的人性本善還是本惡，都運用好的機制和策略讓他自願成為一個「好人」，或者不得不成為一個「好人」。

結語

　　尼克和亞伯拉罕的故事是這本書的最後一個故事。

　　我特意用這個故事給本書收尾，是想說：

　　數學能幫助我們看清商業世界的真相：不平等的真相、不公平的真相和人性的真相。但是，借用羅曼·羅蘭的一句話：「世界上只有一種真正的英雄主義，那就是看清生活的真相之後，依然熱愛生活。」真正的英雄主義，是看清創業的真相後，依然熱愛創業。因為在這樣的真相之下，我們依然能創造美好。

　　是的。看清真相，創造美好。

附錄A

對話吳軍：每個人都要有數學思維

　　吳軍老師是我特別敬佩的一位老師。他是電腦科學家，是自然語言處理技術的先驅者，是谷歌的智慧搜索科學家，是騰訊的前副總裁，也是矽谷著名的風險投資人、暢銷書作家。

　　他創作了《數學之美》《浪潮之巔》《矽谷之謎》《智慧時代》《文明之光》《大學之路》《全球科技通史》《見識》《態度》等著作，本本都是超級暢銷書。從我到我兒子小米，我們全家都是他的書迷。

　　同時，他還是教育專家、古典音樂迷、優秀的紅酒鑒賞家，酷愛逛博物館，見過90%以上世界名畫的真跡，精通歷史、藝術、哲學、攝影、投資、商業……他在任何一個領域的成績單拿出來，都讓普通人望塵莫及。

　　吳軍老師在得到App上開設了六門課程，分別是《矽谷來信》《谷歌方法論》《資訊理論40講》《科技史綱60講》《吳軍講5G》以及《數學通識50講》。從資訊理論到科技史，到通信技術5G，再到數學，吳軍老師涉獵之廣、研究之深，讓人深深

嘆服。

我特別喜歡跟吳軍老師聊天，每一次都讓我收穫巨大。有一次，趁著吳軍老師回國，我約他吃飯聊天。下面我把我和吳軍老師的部分聊天內容分享給你。

資訊理論、科技史、谷歌方法論、5G、數學……我一直特別好奇：吳軍老師的大腦是怎麼裝下這麼多東西，又理解得如此深刻的？

吳軍老師說，他所講的這些內容，其實都是他工作以來的沉澱。

吳軍老師是美國約翰・霍普金斯大學的電腦博士，後來在谷歌擔任智慧搜索科學家。他所研究的內容是語音辨識和自然語言處理，這需要非常深厚的資訊理論、資訊技術、通信技術以及數學功底。而他的課程內容就來自這些積累。區別在於，做成課程需要用更通俗的方式把那些晦澀的專業知識講出來，讓每一個人都聽得懂。

吳軍老師有一門課是《數學通識50講》，為什麼選擇講數學呢？

數學這個主題，是很多老師（比如我，雖然我大學的專業就是數學）想講卻不敢講的，因為它太難了。「數學」這兩個字，簡直是很多人的噩夢，甚至有同學在填報高考志願的時候說：

「只要不學數學，讓我幹什麼都可以！」

確實，數學很難。很多人學了十幾年數學，直到走上工作崗位，還不知道數學到底有什麼用。除了相關專業的工程師，現在有幾個人還記得大學學過的微積分、機率和線性代數？

那麼，學數學到底有什麼用？一個普通人也要學數學嗎？

吳軍老師說，是的，每個人都一定要學數學，因為它實在太有用了。

對大部分人來說，學數學不是為瞭解數學題，不是為了當數學家，而是為了培養數學思維。數學思維不僅能讓你站到更高的高度，開拓你的眼界，還能幫你瞭解一些正確的常識，讓你少走彎路，並且讓你在人生的每一個岔路口都有更多的選擇。

今天我能夠給企業做戰略諮詢，能夠快速洞察事物的本質，最根本的能力就來自數學思維。

很多人會說：「數學也太難了，我學不會，怎麼辦？」其實，解數學題也許很難，數學考試拿滿分也許很難，但是，只要你願意，培養數學思維並不難。

下面我給你介紹五種數學思維，這五種數學思維讓吳軍老師和我都受益匪淺。

從不確定性中找到確定性

第一種數學思維源於機率論，叫作「從不確定性中找到確定性」。

假如一件事情的成功機率是20%，是不是意味著我重複做這件事5次就一定能成功呢？很多人會這樣想，但事實並不是這樣。如果我們把95%的機率定義為成功，那麼，這件20%成功機率的事，你需要重複做14次才能成功。換句話說，你只要把這件20%成功機率的事重複做14次，你就有95%的機率能做成。

計算過程如下，對公式頭疼的朋友可以直接略過。

做1次失敗的機率為：$1-20\%=80\%=0.8$

重複做n次都失敗的機率是：$80\%^n=1-95\%=5\%=0.05$（重複做n次至少有1次成功的機率是95%，就相當於重複做n次、每一次都不成功的機率是5%）

$$n=(\log 0.05)/(\log 0.8)\approx 13.42$$

所以，重複做14次，你成功的機率能達到95%。

如果你要達到99%的成功機率，那麼你需要重複做21次。

那想達到100%的成功機率呢？對不起，這個世界上沒有100%的機率，所有人想要做成事，都需要一點點運氣。

我們經常說「正確的事情，重複做」，這其實就是機率論的

通俗表述。

所謂「正確的事情」，指的就是成功機率大的事情。而所謂的「重複」是什麼？其實，學會了機率論，我們就對重複這件事有了定量的理解。

在商業世界中，20%的成功機率已經不算小了，畢竟，你只要把這件事重複做14次，你的成功機率就能達到95%。

理解了這一點，你就會知道，一次創業就成功的機率太小了，所以，你在融資的時候，不能只做融資一次的打算，而需要做融資更多次的打算。

很多人還想過另一個問題：假如我在一個領域成功的機率是1%，那麼我同時做20個領域，是不是與在一個領域達到20%成功機率的效果是一樣的？

如果我們依然把有95%的機率成功定為成功的標準，那麼1%成功機率的事情，你需要重複做298次。而這，還只是一個領域。

這就像很多人會問：「我是成為一個全才，把20個領域都試個遍更容易成功，還是成為一個專才，在一個領域深耕更容易成功？」機率論會告訴你，成為一個專才，成功的可能性更大。

理解了這一點，你就會明白，創業要專注，不要做太多事。如果做太多事，你本來20%的成功機率就只剩1%了，你成功的

可能性就會更小。

你看，雖然這個世界上沒有100%的成功機率，但是只要重複做成功機率大的事情，你成功的機率就能夠接近100%。這就是從不確定性中找到確定性。這是機率論教給我們的最重要的思維。

我們學習機率論，不是為了做題，而是為了理解這種思考方法。這樣，在做人生選擇的時候，我們就能選對那條成功機率大的道路。

用動態的眼光看問題

第二種數學思維源於微積分，叫作「用動態的眼光看問題」。

很多人一聽到「微積分」，就想起那些複雜的微分方程、積分方程，就會頭疼。別怕，我們不談方程，只談微積分的思維方式。微積分的思維方式其實特別簡單，也正因為簡單到極致，所以非常漂亮。

微積分是牛頓發明的，他為什麼要發明微積分呢？是為了「虐死」後世的我們嗎？當然不是。

其實在牛頓以前，人們對速度這些變數的瞭解，僅限於平均值的層面。比如，我知道一段距離的長短和走完這段距離的時

間，就可以算出平均速度。但是，我並不瞭解每個瞬間的速度。於是，牛頓發明了微分，用「無窮小」這種概念幫助我們把握瞬間的規律。而積分跟微分正好相反，它反映的是瞬間變數的積累效應。

那麼，到底什麼是微積分？

我舉個簡單的例子。一個物體靜止不動，你推它一把，會瞬間產生一個加速度。但有了加速度，並不會瞬間產生速度。當加速度累積一段時間後，才會產生速度。而有了速度，並不會瞬間產生位移。當速度累積一段時間後，才會有位移。

宏觀上，我們看到的是位移，但是從微觀的角度來看，整個過程是從加速度開始的：加速度累積，變成速度；速度累積，變成位移。這就是積分。

反過來說，物體之所以會有位移，是因為速度經過了一段時間的累積。而物體之所以會有速度，是因為加速度經過了一段時間的累積。位移（相對於時間）的一階導數是速度，而速度（相對於時間）的一階導數是加速度。宏觀上我們看到的位移，微觀上其實是每一個瞬間速度的累積。而位移的導數，就是從宏觀回到微觀，去觀察它的瞬間速度。這就是微分。

那麼，微積分對我們的日常生活到底有什麼用呢？

理解了微積分，你看問題的眼光就會從靜態變為動態。

加速度累積，變成速度；速度累積，變成位移。其實人也是一樣。你今天晚上努力學習了，但是一晚上的努力並不會直接變成你的能力。你的努力得累積一段時間，才會變成你的能力。而你有了能力，並不會馬上做出成績。你的能力得累積一段時間，才會變成你的成績。而你有了一次成績，並不會馬上得到主管的賞識。你的成績也得累積一段時間，才會使你得到主管的賞識。

從努力到能力，到成績，到賞識，是有一個過程的，有一個積分的效應。

但是，你會發現，生活中有很多人，在開始努力的第一天就會抱怨：「我今天這麼努力，主管為什麼不賞識我？」他忘了，想要得到主管的賞識，還需要一個積分的效應。

反過來說，有的人一直以來工作都做得很好，但是從某個時候開始，因為一些原因他慢慢懈怠了，努力程度下降了。但這個時候，他的能力並不會馬上跟著下降，可能過了三四個月，能力的下降才會顯示出來，他會發現做事情不像以前那麼得心應手了。又過了三四個月，主管開始越來越看不上他做出來的東西了。在這一瞬間，很多人會覺得「有什麼大不了的，我不過就是這一件事沒做好嘛」，但他忘了，這其實是一個積分效應，早在七八個月前他不努力的時候，就給這樣的結果埋下了種子。

努力的時候，希望瞬間得到大家的認可；而出了問題後，卻

不去想幾個月前的懈怠。這是很多人容易走進的思維誤區。

但如果你理解了微積分的思維方式，能夠用動態的眼光來看問題，你就會慢慢體會到，努力需要很長時間才會得到認可，你會因此擁有平衡的心態，避免犯這樣的錯誤。

吳軍老師經常講一句話，「莫欺少年窮」。其實，從本質上來說，這也是微積分的思維方式。少年雖窮，目前積累的還很少，但是，只要他的增速（用數學語言來說，叫導數(derivatives)）夠快，經過5年、10年，他的積累會非常豐厚。

吳軍老師還給年輕人提過一個建議：不要在乎你的第一份薪水。這也是微積分的思維方式。一開始拿多少錢不重要，重要的是增速（導數）。

從本質上來說，微積分的思維方式就是用動態的眼光看問題。一件事情的結果並不是瞬間產生的，而是長期以來的積累效應造成的。出了問題，不要只看當時那個瞬間，只有從宏觀一直追溯（求導）到微觀，才能找到問題的根源。

公理體系

第三種數學思維源於幾何學，叫作公理體系。

什麼是公理體系？舉個例子，幾何學有一門分科叫歐幾里德幾何，也被稱為歐氏幾何。歐氏幾何有五條最基本的公理：

（1）任意兩個點可以透過一條直線連接。

（2）任意線段能無限延長成一條直線。

（3）給定任意線段，可以以其一個端點為圓心，該線段為半徑作圓。

（4）所有直角都相等。

（5）若兩條直線都與第三條直線相交，並且在同一邊的內角之和小於兩個直角和，則這兩條直線在這一邊必定相交。

公理是具有自明性並且被公認的命題。在歐氏幾何中，其他所有的定理（或者說命題）都是以這五條公理為出發點，利用純邏輯推理的方法推導出來的。

由這五條公理可以推導出無數條定理，比如，每一條線的角度都是180度；三角形的內角和等於180度；過直線外的一點，有且只有一條直線和已知直線平行……這構成了歐氏幾何龐大的公理體系。

如果說公理體系是一棵大樹，那麼，公理就是大樹的樹根。

而在幾何學的另一門分科羅巴切夫斯基幾何中，它的公理體系又不一樣了。

由羅巴切夫斯基幾何的公理可以推導出這樣的定理：三角形的內角和小於180度；過直線外的一點，至少有兩條直線和已知直線平行。這與歐氏幾何是完全不同的。（羅巴切夫斯基幾何雖

然看上去好像違反常識，但它解決的主要是曲面上的幾何問題，跟歐氏幾何並不衝突。）

公理不同，推導出來的定理就不同，因此，羅巴切夫斯基幾何的公理體系與歐氏幾何的公理體系完全不同。

在幾何學中，一旦制定了不同的公理，就會得到完全不同的知識體系。這就是公理體系的思維。

這種思維在我們的生活中非常重要，比如，每家公司都有自己的願景、使命、價值觀，或者說公司基因、文化。因為願景、使命、價值觀不同，公司與公司之間的行為和決策差異就會很大。

一家公司的願景、使命、價值觀，就相當於這家公司的公理。公理直接決定了這家公司的各種行為往哪個方向發展。所有規章制度、工作流程、決策行為，都是在願景、使命、價值觀這些公理上「生長」出來的定理，它們構成了這家公司的公理體系。

而這個體系一定是完全自洽的。什麼叫完全自洽？這指的是，一家公司一旦有了完備的公理體系，就不需要老闆來做決定了，因為公理能推導出所有的定理。不管公司以後如何發展，只要有公理存在，就會演繹出一套能夠解決問題的新法則（定理）。

　　如果你發現你的公司每天都需要老闆來做決定，或者公司的規章制度、工作流程、決策行為與公司的願景、使命、價值觀不符，那麼說明公司的公理還不完備，或者你的推導過程出現了問題。這時，你需要修修補補，將公司的公理體系一步步搭建起來。

　　我曾對同事說：「我在公司只做三件事：設置責任權利、捍衛價值觀和做一隻安靜的『內容奶牛』。關於責任權利法則，我們只有一條公理——創造最大價值的人獲得最大的收益。所有制度安排，都是我用我有限的智商根據這條公理推演出的定理。任何制度安排（定理），如果違背了唯一的公理，那一定是我的智商不夠用導致的。我會為我的智商道歉，然後堅定地修改制度安排（定理）。如果我拒不改正，或者對公理有動搖，請毅然決然地離開我。那個我不值得你們跟隨。我們因為有相同的公理體系而彼此成就。」

　　公理沒有對錯，不需要被證明，公理是一種選擇，是一種共識，是一種基準原則。

　　制定不同的公理，就會得到完全不同的公理體系，並因此得到完全不同的結果。

數字的方向性

第四種數學思維源於代數，叫作「數字的方向性」。

我們學代數，最開始學的是自然數，包括0和正整數；然後學的是整數，包括自然數和負整數；之後，學的是有理數，包括整數和分數。

在學習分數之前，在我們的認知中，數字是離散的，是一個一個的點。而有了分數，數字就開始變得連續了。這就像在生活中，一開始你看事情，看的是對和錯、大和小。慢慢地，你認識到世界其實並沒有這麼簡單，你看事情開始看到灰度。

學了有理數之後，我們又學了無理數。無理數就是無限不循環小數，比如 π。任何一個有理數，都可以由兩個數相除而得來。但是，無理數是無限不迴圈的小數，你找不到任何規律。這會讓你認識到，在這個世界上，有些事情就是複雜到沒有規律。π 就是 π，根號就是根號，它就是很複雜，你不要試圖用簡單粗暴的方式來定義它。你要承認它的客觀存在，承認這個世界的複雜性。

你看，我們不斷地深入學習各種數，其實是在一步一步地理解世界的複雜性。

往更複雜的程度上說，數這個東西，除了大小，還有一個非常重要的屬性：方向。在數學上，我們把有方向的數字叫作向

量。

數其實是有方向的，認識到這一點對我們的生活有什麼用呢？

我舉個例子。假如你拖著一個箱子往東走，你的力氣很大，有30牛頓。這時來了一個人，非要跟你對著幹，把箱子往西拖，他力氣沒你大，只有20牛頓。結果如何呢？這個箱子還是會跟著你往東走，不過只剩下10牛頓的力，它的速度會慢下來。

這就像在公司裡做事，兩個人都很有能力，合作的時候，如果他們的能力都能往一個方向使，形成合力，這是最好的結果。但如果他們的能力不往一個方向使，反而互相牽制，那可能還不如把這件事完全交給其中一個人來做。

還有一種情況：做同一件事情，有的人想往東走，有的人想往西走，有的人想往北走，而你並不知道哪個方向是正確的。這時，你想要的不是合力的大小，而是方向的相對正確性。那你該怎麼辦呢？

你就讓他們都去幹這件事吧。雖然大家的方向不同，彼此會互相牽制，力的大小也會有損耗，但是最終事情的走向會是相對正確的方向。

全域最優和達成共贏

第五種數學思維源於博弈論，叫作「全域最優和達成共贏」。

什麼是博弈論？我們每天都要做大大小小的決策，比如，今天是喝咖啡還是喝茶就是一個決策。但這個決策只跟自己有關，並不會涉及別人。而在生活中，有一類決策涉及別人的決策邏輯，我們把它叫作博弈論。

比如，下圍棋就是典型的博弈。每走一步棋，我的所得就是你的所失，我的所失就是你的所得。這是博弈論中典型的零和博弈。

在零和博弈中，你要一直保持清醒：你要的是全域的最優解，而不是局部的最優解。

比如，圍棋追求的不是每一步都要吃掉對方最多的子，而是讓終局所得最多。為此，你要步步為營，講究策略，有時甚至需要透過讓子來以退為進。

經營公司也是一樣，不要總想著每件事情都必須一帆風順，如果你想得到最好的結果，在一些關鍵步驟上就要做出妥協。

除了零和博弈，還有一種博弈，叫作非零和博弈。非零和博弈講究共贏，共贏的前提是建立信任，但建立信任特別不容易。

假如市場上需要100萬台冰箱，第一個廠家發現了這個需

求，決定馬上生產100萬台。第二個廠家發現了這個需求，也決定馬上生產100萬台。第三個廠家也同樣決定馬上生產100萬台……結果，每一個廠家都生產了100萬台，供大於求，這導致大部分廠家都遭受了很大的損失。

如果大家能夠建立起信任，商量好10個廠家每個都只生產10萬台，就正好能滿足市場需求，每個廠家都能賺到錢，大家達成共贏。

但是，只要有一個廠家沒有遵守約定，比如別人都生產了10萬台，它卻生產了30萬台，就會導致大家都因此遭受損失。

建立信任，特別不容易，但在商業世界裡，這是非常重要的。那麼，怎麼才能建立信任呢？

我給你兩個建議。

第一，你要找到那些能夠建立信任的夥伴。有些人你是永遠都無法和他達成共贏的，這樣的人你要遠離。

第二，你要主動釋放值得信任的信號。你要先讓別人知道你是值得信任的人，這樣想要與你達成共贏的人才會找到你。

這五種數學思維——從不確定性中找到確定性、用動態的眼光看問題、公理體系、數字的方向性，以及全域最優和達成共贏，我希望你能看懂，並且將其運用到你的工作和生活中。

我也希望能借此向你傳達一個觀念：數學不難，真的不難。

你不一定要會解大部分數學題，不一定要能背下來所有的公式，也不一定要在數學考試中拿滿分，但是你至少要訓練自己的數學思維。訓練數學思維，是為了擁有符合規律的思維方式。

孔子說：「三十而立，四十而不惑，五十而知天命，六十而耳順，七十而從心所欲不逾矩。」所謂「從心所欲不逾矩」，不是說你要透過約束自己來讓自己做的事情不越出邊界，而是當你擁有符合規律的思維方式時，你做的事情根本就不會越出邊界。

這就是從心所欲的自由。

附錄B

五道微軟面試題

微軟這樣的公司是怎麼面試人的？它看重哪些重要的能力？

我是1999年加入微軟的。我清楚地記得，我從北京坐火車去上海面試，早上如約走進微軟，人力資源部人員把我安排進一間會議室。

9點半，一位一看就是「宅男」的微軟員工頂著光環走進來，一邊看我的簡歷，一邊問我問題。我面前有一本草稿紙，給我思考和計算用。我注意力高度集中地回答了一個小時的問題，然後，他在面試表格上寫了點什麼，就帶著表格出去了。我想：是不是結束了？

可是我錯了。緊接著，又進來一個人，又是一個「宅男」，又和我聊了一個小時。然後，又進來一個人……就這樣，這個會議室一共進來了6個人，我的面試從早上9點半一直持續到下午3點半。

最後，有人把我從會議室帶到一間辦公室，辦公室裡的人一看就是「大BOSS」（非常厲害的人物）。「大BOSS」又對我進

行了一個小時的面試，最後當場通知我：歡迎加入微軟。後來我才知道，這個「大BOSS」就是時任微軟中國區總裁的唐駿。

當時的微軟亞洲技術中心只有80人，升級為微軟全球技術中心後，人數漲到了500多人。我也從工程師變成了部門經理、高級經理，後來還當上了戰略合作總監。在微軟的14年職業生涯中，我面試了至少 1000人，也接受了好幾個關於如何面試的培訓。

在這裡，我把我接受面試時被問到的那些題，以及我傳承下來後去面試別人的題分享給你。

這些題不是從網上隨便找來的「世界500強面試聖經」，而是微軟真實使用過的面試題。每道題都有其出發點和考點。

我從這些題中選取了五道，這五道題是：

（1）有三個連續的、大於6的整數，已知其中兩個是質數，求證第三個數能被6整除。

（2）有兩個骰子，每一個骰子都是六面正方體，每一面上只能放0~9中的一個數字，這兩個骰子如何組合才能達到顯示日曆的效果（從01~31）？

（3）昨天，我在早上8點開始爬山，晚上8點到達山頂。睡了一覺後，今天，我在早上8點開始從山頂原路下山，晚上8點到達山腳。請問，有沒有一個時刻，昨天的我和今天的我站在同樣

的位置？

（4）上海有多少輛自行車？

（5）如何用兩個指標判斷一個鏈表是否有環？

請寫下你對這些題目的思考過程，得出你的答案。最後一道題需要一定的資料結構知識，如果你沒有學過電腦，可以忽略。

記住：答案不是最重要的，思考過程最重要。答案也未必是唯一的。

思考完了嗎？下面，我給出答案以及背後的考點和出發點。你準備好了嗎？一定要思考完再看哦。

（1）有三個連續的、大於6的整數，已知其中兩個是質數，求證第三個數能被6整除。

「三個連續的、大於6的整數」我們都明白，比如7，8，9，或者11，12，13等。題中還給了一個條件「其中兩個是質數」，質數我們也明白，就是只能被1和這個數字本身整除的數。而要求證的是「第三個數能被6整除」。為什麼突然冒出來一個6？這個6是怎麼來的，是解這道題的關鍵。

以往我當面試官的時候通常會給面試者一摞草稿紙，在面試者抓耳撓腮地計算時，我會建議他把自己的思考過程說出來，一邊說一邊思考，這樣我就能知道他的思考過程。比如，有的面試者可能會列一堆方程式，n，n＋1，n＋2等，然後用方程式來計

算它們與6的關係。這時我就知道，他陷入「歧途」了。

那這道題的正確解法是什麼呢？

你要先把「能被6整除」分解成「能被2整除，也能被3整除」，然後你只需要證明第三個數既能被2整除也能被3整除就可以了。

只要你想到了這一步，接下來就非常簡單，甚至接近於常識了。

我們知道，任意連續的兩個整數中一定有一個數是2的倍數，也就是能被2整除。我們還知道，任意三個整數中一定有一個數是3的倍數，也就是能被3整除。也就是說，在連續的3個整數中，一定有一個數能被2整除，還有一個數能被3整除。

但是題幹告訴我們，題中的三個數有兩個都是質數，也就是只能被1和這個數本身整除，而且這三個數都大於6，不可能是2或者3。所以，這三個數裡能被2整除的數和能被3整除的數只能是同一個數，也就是這兩個質數之外的第三個數。

這樣，我們就證明了第三個數既能被2整除也能被3整除，也就是能被6整除。

聽我說完之後你會發現，這道題考的是小學數學知識。我當年進微軟的時候也被考過這道題，那麼，為什麼要考這道題呢？

因為這道題能考驗一個人分解問題的能力，對應到這道題，

就是把「能被6整除」分解為「能被2整除，也能被3整除」。這種能力特別重要。

比如，假設你有一個重要客戶的電腦突然當機了，你遠在千里之外只能用電話遠端指揮他解決問題，但電腦當機的原因有千萬種，你怎麼辦？如果你懂得分解問題就會知道，這種情況無非三種可能：電源沒插好、硬體出了問題、軟體出了問題。這時，你可以一一排除，找出問題到底出在哪裡。

再比如，如何解決全球變暖問題，如何解決碳排放問題？專家們給出了成千上萬個建議，彼此吵得不可開交。但是比爾·蓋茲（Bill Gates）在一次TED（Technology，Entertainment，Design，即科技、娛樂、設計）演講中給出了一個解決碳排放問題的「分解公式」：

$$CO_2＝P×S×E×C$$

式中：P是Population，人口；S是Service Per Person，即每個人使用多少項服務，比如開車、壁爐、燒烤等；E是Energy Per Service，即每項服務使用多少能源；C是CO_2 Per Unit Energy，即每單位能源排放多少二氧化碳。

所以，解決碳排放問題，就是分別解決人口問題（P）、環保的生活方式問題（S）、能源使用效率問題（E）、能源產生

的碳排放問題（C）。每個人、每個領域各司其職，共同推進。

你看，一個如此宏大的問題被分解為四個問題後，就變得簡單多了。這種分解能力可以用來拯救世界。

所以，面試微軟員工時，我們特別重視考察候選人分解問題、解決問題的能力。這道題只是眾多考查分解能力的試題中的一道。

答案不是最重要的，思維習慣更重要。如果你太輕鬆地直接說出答案，我會給你換另一道更難的題。

（2）有兩個骰子，每一個骰子都是六面正方體，每一面上只能放0~9中的一個數字，這兩個骰子如何組合才能達到顯示日曆的效果（從01~31）？

這道題有其邏輯：首先，大多數人都會想到，我們有兩個立方體，那麼一共有12個面。現在把0~9一共10個數放到這12個面上，一定有數字是重複出現在兩個立方體上的。

那麼，哪些數是重複出現的呢？

考慮到我們的目的是用這兩個立方體來表示日曆，也就是01~31這一串數字。那麼，有哪些數字是個位和十位上都必須有的呢？

日曆上有11號和22號，所以1和2這兩個數字在兩個立方體上都必須出現，這樣一算，正好12個數字和12個面可以一一對應

了。

但是你仔細想想，就會發現不對：當日期是一位數的時候，0需要在十位的位置上補位，所以0也必須同時出現在兩個立方體上。如果0也必須出現2次，那就有13個數字出現在12個面上了，這樣就少了一個面。

你能想到這裡，就已經能拿到一半的分數了。

那少的這一面該怎麼辦？怎麼在12個面上放13個數字？有沒有數字能重複用？

有，那就是6和9。到這為止，這個問題已經被解決了。

這個問題考核的是什麼呢？

這裡的考點叫「跨越思維」，也就是跳出固定框架思考的能力。如果你覺得6就是6，9就是9，那麼你沒有跳出固定的思維框架。

這種跨越思維的能力在現實生活中極其重要。比如，誰說冰箱的冰格一定要在冰箱裡面呢？如果把冰格放置在廚房各處呢？這就是「分散式冰箱」。

跨越思維是創新的泉源。對創新能力要求高的崗位，微軟非常重視對這種能力的考核。

同樣，如果我感覺到你對這道題很熟悉，後面還有幾十道類似的題等著你。再次記住，思維方式比答案重要。

(3)昨天，我從早上8點開始爬山，晚上8點到達山頂。睡了一覺後，今天，我從早上8點開始從山頂原路下山，晚上8點到達山腳。請問，有沒有一個時刻，昨天的我和今天的我站在同樣的位置？

這道題我先告訴你答案：一定有。

很多同學會想：我上山和下山的速度肯定是不一樣的，是不是一定有呢？可能有吧。

怎麼證明呢？很多人開始列方程，用一打草稿紙來計算也沒算出來。

這道題考的是「轉換思維」。

你可以把這道題轉換成這樣一道題：你和另一個人，一個從山頂往下走，一個從山腳往上走，走的是同一條路，是不是一定會相遇？

答案是一定的，你們走在一條路上，一定會遇見的。

這道題就是這麼簡單，但如果你不懂得轉換思維，可能就答不出來。

如果你習慣用數學方式來解題，我還可以給你提供另一個思路：

你可以畫一個座標系，橫軸是時間，從早上8點到晚上8點，縱軸是山的高度，從0到海拔多少米。然後，按照兩天的行程畫

出兩條線，你會發現，無論你怎麼畫，無論兩天的速度是多麼不一樣，這兩條線一定會在某一時刻、某一高度相交，如圖B-1所示。

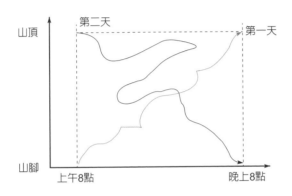

圖B-1　在座標系中這兩條線總會相交

轉換思維有什麼用處呢？它能讓你用「其實就是」這四個字看透問題，然後找到解決方案。

顧客吃完飯結帳，花了200元。服務員說：「對了，我們今天有個加值免費活動。您只要加值1000元，這頓飯就可以免費，很划算呢。」全額免費？這是莫大的優惠啊！你可能馬上就會加值1000元。

但是，如果你有轉換思維，就會想到，這「其實就是」花1000元買1200元的東西，相當於打了8.3折。

「其實就是」的轉換思維在解決商業問題、技術問題時至關重要。

（4）上海有多少輛自行車？

這道題考的是「系統思維」，也就是你理解系統與事物之間的關聯關係的能力。

這道題是沒有標準答案的，我在這裡給你提供幾種思路。

比如，你可以先查一下上海一共有多少人口，然後估算一下總人口中有多大比例的人騎自行車。比如20~60歲的有工作的人可能會騎自行車，根據這些人在總人口中的比例，你可以估算出上海有多少輛自行車。

你還可以大致算一下上海有多少條街道，每條街道大致能容納多少輛自行車，這樣也能得出一個相對準確的數字。

還有另一種思路：以前自行車都是要掛車牌的，你去街上隨機攔幾十輛自行車，算出這幾十輛自行車車牌數字的中位數，透過這個中位數，也能估算出上海市一共發放了多少車牌。

當然，這些都是思路，而且並非完美的思路。這就對了。因為只有當一道題沒有標準答案時，我才能測試你的思路，測試你發現自行車和人群、自行車和街道、自行車和車牌，以及自行車和這個生態中其他因素的關係的能力，也就是建立模型、構建系統的能力。

你建立模型、構建系統的能力越接近現實世界，你的系統思維就越強。

這種系統思考的能力在軟體世界有多重要，我想就不用我多說了。就算在商業世界，系統思維也非常重要。比如，在分析房價問題時，到底是房租決定了房價，還是房價決定了房租？如果你能畫出一張模型圖，找到中間相互關聯的各種引數（explanatory variable，解釋變數）和因變數（response variable，回應變數），你就能系統性地思考和回答這個問題。

（5）如何用兩個指標來判斷一個鏈表是否有環？

大部分人是沒學過資料結構的，如果你不懂這方面的知識，可以忽略這道題。這其實是我埋的一個伏筆。我之所以選這道題，是想看看在不懂電腦、不懂資料結構的情況下，你是否會去查一查什麼是鏈表，什麼是指針。

以前我在微軟的時候，有一個人來面試，但是沒通過，他特別遺憾，說自己特別想進微軟。他的面試官就從桌上拿起了一本厚厚的全英文的書，對他說：「如果你真的想來微軟，就把這本書拿回去看，一個星期之後再過來。」

一個星期後，這個人真的回來了，而且很不錯地回答了考官問的關於這本書的問題。要知道，這本書是全英文的專業書，如果一個人沒有強烈的求知欲和快速學習能力，是不可能在一周之

內看完的。

後來，這個人如願以償地進了微軟。當我們問他是怎麼啃下這本這麼難的書時，他說，他天天在家翻這本書，夏天天氣熱，他媽媽就在旁邊幫他搧扇子，就這麼沒日沒夜地看了一個星期。

這道題也是一樣，考察的是你的求知欲和快速學習能力。

回到這道題上來，你對區塊鏈感興趣嗎？區塊鏈就是一種鏈表。但是，很多號稱懂區塊鏈的人可能從來沒有學過「鏈表」這種資料結構。我簡單介紹一下。

什麼叫作「用兩個指標來判斷一個鏈表是否有環」？

你可以把「鏈表」想像成無數個小房間，每個房間裡面都有一張紙條，紙條上寫的是下一個房間的號碼，如果你進到第357號房間，紙條上寫著「456」，那你就跑到第456號房間，而456房間裡面寫著「578」，你就跑到第578號房間，然後從第578號房間再到第632號房間，從第632號房間再到第7號房間。這就是鏈表，其實一點都不複雜。

那什麼是有環呢？你到了第7號房間，發現裡面的紙條寫著「456」，於是你進到第456號房間：咦，我剛才不是來過嗎？這就是環。

那什麼是指針呢？可以說，一直在走的這個人就是指標。

那怎麼來判斷這個鏈表是不是有環？這考查的是「相對思

維」。

這道題的解法是這樣的：讓兩個人同時「走房間」，其中一個人一間一間地走，另一個人要走得更快一些，在前一個人走一個房間的時間內，他要走兩個房間。這樣，每當前者走一個房間，後者就比前者多走了一個房間，相對於前者，後者多走的房間越來越多。如果這個鏈表有環的話，後者一定會在某一個房間和前者相遇，否則，兩人都會先後到達終點。

這就是相對思維，在一個無休無止的問題裡，你要懂得製造相對速度。

好了，透過這五道題，我講了微軟面試的時候非常看重的獨立於專業知識的幾種思維能力：分解能力、跨越思維、轉換思維、系統思維和相對思維。

我很有幸通過了面試，並加入了微軟。在微軟的14年和創業的5年裡，我深深地感受到這些能力對我的巨大幫助。

不管你是否想加入微軟，我都建議你培養這些能力。是否能做出這些題不重要，擁有這些思維能力很重要。

人類發明加減乘除，不是用來考試的，而是用來解決問題的。

做一個匠人，一輩子只做一件事，並且把這件事做精。只要把當下做到極致，美好自然就會呈現。

永遠向有結果的人學習，因為結果不會撒謊。

_____

_____

_____

_____

_____

_____

_____

_____

_____

_____

_____

_____

用正確姿勢投丟的球比用錯誤姿勢投進的球更有價值。

_____

_____

_____

_____

_____

_____

_____

_____

_____

_____

_____

_____

_____

DH00425

底層邏輯2：
帶你升級思考，挖掘數字裡蘊含的商業寶藏

作　　　者—劉　潤
主　　　編—林潔欣
企劃主任—王綾翊
設　　　計—江儀玲
排　　　版—游淑萍
插　　　圖—華十二、簡憶紋

總 編 輯—梁芳春
董 事 長—趙政岷
出 版 者—時報文化出版企業股份有限公司
　　　　　108019臺北市和平西路3段240號3樓
　　　　　發行專線—（02）2306-6842
　　　　　讀者服務專線—0800-231-705 ·（02）2304-7103
　　　　　讀者服務傳真—（02）2306-6842
　　　　　郵撥—19344724　時報文化出版公司
　　　　　信箱—10899臺北華江橋郵局第99信箱
時報悅讀網—http://www.readingtimes.com.tw
法律顧問—理律法律事務所　陳長文律師、李念祖律師
印　　　刷—勁達印刷股份有限公司
一版一刷—2023年10月6日
一版十二刷—2024年6月20日
定　　　價—新臺幣420元
（缺頁或破損的書，請寄回更換）

時報文化出版公司成立於一九七五年，
並於一九九九年股票上櫃公開發行，於二〇〇八年脫離中時集團非屬旺中，
以「尊重智慧與創意的文化事業」為信念。

本作品中文繁體版通過成都天鳶文化傳播有限公司代理，經機械工業出版社授予時報文
化出版企業股份有限公司獨家出版發行，非經書面同意，不得以任何形式，任意重制轉
載。

底層邏輯2：帶你升級思考,挖掘數字裡蘊含的商業寶藏 = The
underlying logic. II : understanding the essence of business / 劉
潤著 . -- 一版. -- 臺北市：時報文化出版企業股份有限公司,
2023.10

ISBN　978-626-374-273-4（平裝）
1.CST: 職場成功法 2.CST: 商業管理 3.CST: 數學
494.35　　　　　　　　　　　　　　　　　　112013868

ISBN　9786263742734
Printed in Taiwan